高等职业教育系列教材

Photoshop CC 图像处理案例教程

第 2 版

主编　刘英杰　徐雪峰　刘万辉
参编　章早立　贾建强

机 械 工 业 出 版 社

本书以培养职业能力为核心，以工作实践为主线，以项目为导向，采用案例式教学，基于现代职业教育课程的结构构建模块化教学内容，面向平面设计师岗位细化课程内容。

本书采用模块化的编写思路，主要讲解了 Photoshop CC 职场入门、Photoshop 基本工具的使用、选区的调整与编辑、图层与图层样式、色调与色彩的调整、路径与矢量图形工具的应用、通道的应用、蒙版的应用、滤镜的应用、动作与自动化以及综合项目实训，构成了系统的课程教学内容体系，所有教学内容均符合岗位需求。同时，本书以商业案例应用项目贯穿各个知识模块，又以综合教学案例巩固了课程内容。初级平面设计师通过本书的学习和辅助项目实训的系统锻炼，必将胜任企业平面设计师的岗位。

本书内容丰富，实用性强，可用作计算机相关专业的"Photoshop 图像处理"课程的教材，也可作为平面设计爱好者学习的参考书。

本书配套多媒体课件、项目案例与源文件，读者可在机械工业出版社教育服务网 www.cmpedu.com 免费下载；本书还提供全程微课视频（共124 个），读者可通过微信扫描书中二维码直接观看。

图书在版编目（CIP）数据

Photoshop CC 图像处理案例教程/刘英杰，徐雪峰，刘万辉主编． —2 版．—北京：机械工业出版社，2016. 6（2022.1重印）
高等职业教育系列教材
ISBN 978-7-111-54476-0

Ⅰ. ① P… Ⅱ. ① 刘… ② 徐… ③ 刘… Ⅲ. ① 图像处理软件 – 高等职业教育 – 教材 Ⅳ. ① TP391.41

中国版本图书馆 CIP 数据核字（2016）第 181271 号

机械工业出版社（北京市百万庄大街22 号 邮政编码 100037）
策划编辑：鹿 征 责任编辑：鹿 征
责任校对：张艳霞 责任印制：李 昂

河北鹏盛贤印刷有限公司印刷

2022 年 1 月第 2 版·第 8 次印刷
184mm×260mm·16. 25 印张·396 千字
标准书号：ISBN 978-7-111-54476-0
定价：45.00 元

电话服务 网络服务
客服电话：010 – 88361066 机 工 官 网：www.cmpbook.com
010 – 88379833 机 工 官 博：weibo.com/cmp1952
010 – 68326294 金 书 网：www.golden – book.com
封底无防伪标均为盗版 机工教育服务网：www.cmpedu.com

高等职业教育系列教材计算机专业
编委会成员名单

主　　任　周智文

副 主 任　周岳山　　林　东　　王协瑞　　张福强

　　　　　陶书中　　眭碧霞　　龚小勇　　王　泰

　　　　　李宏达　　赵佩华

委　　员　（按姓氏笔画顺序）

　　　　　万　钢　　万雅静　　卫振林　　马　伟

　　　　　马林艺　　王兴宝　　王德年　　尹敬齐

　　　　　史宝会　　宁　蒙　　乔芃喆　　刘本军

　　　　　刘剑昀　　刘瑞新　　刘新强　　安　进

　　　　　李　强　　杨　云　　杨　莉　　何万里

　　　　　余先锋　　张洪斌　　张瑞英　　赵国玲

　　　　　赵海兰　　赵增敏　　胡国胜　　钮文良

　　　　　贺　平　　秦学礼　　贾永江　　顾正刚

　　　　　徐立新　　唐乾林　　陶　洪　　黄能耿

　　　　　黄崇本　　曹　毅　　裴有柱

秘 书 长　胡毓坚

出 版 说 明

《国务院关于加快发展现代职业教育的决定》指出：到 2020 年，形成适应发展需求、产教深度融合、中职高职衔接、职业教育与普通教育相互沟通，体现终身教育理念，具有中国特色、世界水平的现代职业教育体系，推进人才培养模式创新，坚持校企合作、工学结合，强化教学、学习、实训相融合的教育教学活动，推行项目教学、案例教学、工作过程导向教学等教学模式，引导社会力量参与教学过程，共同开发课程和教材等教育资源。机械工业出版社组织国内 80 余所职业院校（其中大部分是示范性院校和骨干院校）的骨干教师共同规划、编写并出版的"高等职业教育规划教材"系列，已历经十余年的积淀和发展，今后将更加紧密结合国家职业教育文件精神，致力于建设符合现代职业教育教学需求的教材体系，打造充分适应现代职业教育教学模式的、体现工学结合特点的新型精品化教材。

在本系列教材策划和编写的过程中，主编院校通过编委会平台充分调研相关院校的专业课程体系，认真讨论课程教学大纲，积极听取相关专家意见，并融合教学中的实践经验，吸收职业教育改革成果，寻求企业合作，针对不同的课程性质采取差异化的编写策略。其中，核心基础课程的教材在保持扎实的理论基础的同时，增加实训和习题以及相关的多媒体配套资源；实践性课程的教材则强调理论与实训紧密结合，采用理实一体的编写模式；实用技术型课程的教材则在其中引入了最新的知识、技术、工艺和方法，同时重视企业参与，吸纳来自企业的真实案例。此外，根据实际教学的需要对部分内容进行了整合和优化。

归纳起来，本系列教材具有以下特点：

1）围绕培养学生的职业技能这条主线来设计教材的结构、内容和形式。

2）合理安排基础知识和实践知识的比例。基础知识以"必需、够用"为度，强调专业技术应用能力的训练，适当增加实训环节。

3）符合高职学生的学习特点和认知规律。对基本理论和方法的论述容易理解、清晰简洁，多用图表来表达信息；增加相关技术在生产中的应用实例，引导学生主动学习。

4）教材内容紧随技术和经济的发展而更新，及时将新知识、新技术、新工艺和新案例等引入教材。同时注重吸收最新的教学理念，并积极支持新专业的教材建设。

5）注重立体化教材建设。通过主教材、电子教案、配套素材光盘、实训指导和习题及解答等教学资源的有机结合，提高教学服务水平，为高素质技能型人才的培养创造良好的条件。

由于我国高等职业教育改革和发展的速度很快，加之我们的水平和经验有限，因此在教材的编写和出版过程中难免出现疏漏。我们恳请使用这套教材的师生及时向我们反馈质量信息，以利于我们今后不断提高教材的出版质量，为广大师生提供更多、更适用的教材。

机械工业出版社

前　言

Photoshop CC（Creative Cloud）是美国 Adobe 公司于 2013 年推出的新版图形图像处理软件，是目前世界上最为优秀的平面设计软件之一，因其界面友好、操作简单、功能强大，深受广大设计师的青睐，广泛应用于插画、游戏、影视、广告、海报、网页设计、多媒体设计、软件界面、POP（卖点广告）和照片处理等领域。

本书以培养职业能力为核心，以工作实践为主线，以项目为导向，采用案例式教学，基于现代职业教育课程的结构构建模块化教学内容，面向平面设计师岗位细化课程内容，讲解了 Photoshop CC 的使用。

本书采用模块化的编写思路，主要讲解了 Photoshop CC 职场入门、Photoshop 基本工具的使用、选区的调整与编辑、图层与图层样式、色调与色彩的调整、路径与矢量图形工具的应用、通道的应用、蒙版的应用、滤镜的应用、动作与自动化，以及综合项目实训共 11 个教学模块，构成了系统的课程教学内容体系，所有教学内容均符合岗位需求。同时，本书以商业案例应用项目贯穿各个知识模块，又以综合教学案例巩固了课程内容。初级平面设计师通过本书的学习和辅助项目实训的系统锻炼，必将胜任企业平面设计师的岗位。

本书基于案例式教学思想，所有教学案例都经过了精挑细选，非常具有代表性，同时这些项目包含了当前流行的创意与技术，使读者能够迅速胜任平面设计领域的工作岗位。

本书由刘英杰、徐雪峰、刘万辉主编，张洪斌主审。编写分工为：徐雪峰编写第 1、2、3、6 章，贾建强编写第 4、7 章，刘英杰编写第 5、8、9 章，章早立编写第 10 章，刘万辉编写第 11 章。

本书在编写过程中，得到了淮安市中天传媒创意总监徐金波研究员的指导，在此表示衷心的感谢。

本书配套多媒体课件、项目案例与源文件读者可在机械工业出版社教育服务网 www.cmpedu.com 下载。本书还提供全程微课视频，读者可通过微信扫描书中二维码直接观看。

由于时间仓促，书中难免存在不妥之处，请读者谅解，并提出宝贵意见。

编　者

目　　录

第1章 Photoshop CC 职场入门

1.1 图像处理理论基础

学习 Photoshop 图像处理方面的专业术语，将为整个课程的学习奠定基础。了解专业常识，将有利于在工作中更好地发挥创作水平，创作出高质量的平面作品。

1.1.1 像素和分辨率

1. 像素

像素是构成图像的最小单位，它的形态是一个小方点。很多个像素组合在一起就构成了一幅图像，组合成图像的每一个像素只显示一种颜色。由于图像能记录每一个像素的数据信息，因而可以精确地记录色调丰富的图像，逼真地表现自然界中的景观，如图 1-1 所示。

图 1-1 像素构成的风景图片

2. 分辨率

分辨率是图像处理中一个非常重要的概念，它是指位图图像在每英寸上所包含的像素数量，单位使用每英寸的像素数 PPI（Pixels Per Inch）来表示。图像分辨率的高低直接影响图像的质量，分辨率越高，文件也就越大，图像也会越清晰，如图 1-2（300PPI）所示，但处理速度也会变慢；反之，分辨率越低，图像就越模糊，如图 1-3（72PPI）所示，文件也会越小。

图像的分辨率并不是越高越好，应视其用途而定。屏幕显示的分辨率一般为 72PPI，打印的分辨率一般为 150PPI，印刷的分辨率一般为 300PPI。

图1-2　分辨率高的图像　　　　　　　　图1-3　分辨率低的图像

1.1.2　位图与矢量图

在计算机设计领域中，图形图像分为两种类型，即位图图像和矢量图形。这两种类型的图形图像都有各自的特点。

1. 位图

位图又称为点阵图，是由许多点组成的，这些点即为像素（pixel）。当许多不同颜色的点（即像素）组合在一起后，便构成了一幅完整的图像。

位图可以记录每一个点的数据信息，因而可以精确地制作出色彩和色调变化丰富的图像，可以逼真地表现自然界中的景象，达到照片般的品质。但是，由于其所包含的图像像素数目是一定的，若将图像放大到一定程度后，图像就会失真，边缘会出现锯齿，如图1-4所示。

图1-4　位图的原效果与放大后的效果

2. 矢量图

矢量图形也称为向量式图形，它用数学的矢量方式来记录图像内容，以线条和色块为主，这类对象的线条非常光滑、流畅，可以进行无限放大、缩小或旋转等操作，并且不会失真，如图1-5所示。矢量图不宜制作色调丰富或者色彩变化太多的图形，而且绘制出来的图形无法像位图那样精确地描绘各种绚丽的景象。

2

图 1-5 矢量图的原效果与放大后的效果

1.1.3 色彩模式

颜色模式决定了图像的显示颜色的数量，也影响图像的通道数和图像的文件大小。在 Photoshop 中，能以多种色彩模式显示图像，最常用的有 RGB、CMYK、位图和灰度等模式。

1. RGB 模式

RGB 模式是 Photoshop 默认的色彩模式，是图形图像设计中最常用的色彩模式。RGB 代表了可视光线的 3 种基本色，即红、绿、蓝，它也称为"光学三原色"，每一种颜色都存在 256 个等级的强度变化。当三原色重叠时，不同的混色比例和强度会产生其他的间色，三原色相加会产生白色，如图 1-6 所示。

RGB 模式在屏幕上显示色彩丰富，所有滤镜都可以使用，各软件之间文件兼容性高，但在印刷输出时偏色情况较重。

2. CMYK 模式

CMYK 模式即由 C（青色）、M（洋红）、Y（黄色）、K（黑色）合成颜色的模式，这是印刷上主要使用的颜色模式，由这种 4 种油墨合成可生成千变万化的颜色，因此被称为四色印刷。

由青色、洋红、黄色叠加即生成红色、绿色、蓝色及黑色，如图 1-7 所示。黑色用来增加对比度，以补偿 CMY 产生的黑度不足。由于印刷使用的油墨都包含一些杂质，单纯由 C、M、Y 这 3 种油墨混合不能产生真正的黑色，因此需要加一种黑色（K）。CMYK 模式是一种减色模式，每一种颜色所占的百分比范围为 0～100%，百分比越大，对应的颜色越深。

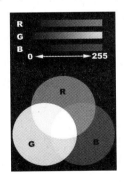

图 1-6　RGB 色彩模式示意图

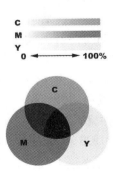

图 1-7　CMYK 色彩模式示意图

3. 灰度模式

灰度模式可以将图片转变成黑白相片的效果，如图1-8所示，它是图像处理中广泛运用的模式，采用256级不同浓度的灰度来描述图像，每一个像素都有0～255之间的范围亮度的亮度值。

将彩色图像转换为灰度模式时，所有的颜色信息都将被删除。虽然Photoshop允许将灰度模式的图像再转换为彩色模式，但是原来已丢失的颜色信息不能再恢复。

4. 位图模式

位图模式也称为黑白模式，使用黑、白双色来描述图像中的像素，如图1-9所示，黑白之间没有灰度过渡色，该类图像占用的内存空间非常少。当一幅彩色图像要转换为黑白模式时，不能直接转换，必须先将图像转换为灰度模式，然后再转换为位图模式。

图1-8　灰度模式的图像

图1-9　位图模式的图像

1.1.4　图像格式

图像文件格式是指在计算机中表示和存储图像信息的格式。面对不同的工作时，选择不同的文件格式也非常重要。例如，在彩色印刷领域，图像的文件格式要求为TIFF格式，而GIF和JPEG格式则广泛应用于互联网中，因为其独特的图像压缩方式，所占用的内存容量十分小。

Photoshop软件支持20多种文件格式，下面介绍7种常用的图像文件格式。

1. PSD/PSB文件格式

PSD格式是Photoshop软件的默认格式，也是唯一支持所有图像模式的文件格式，可以分别保存图像中的图层、通道、辅助线和路径信息。

PSB格式是Photoshop中新建的一种文件格式，它属于大型文件，除了具有PSD格式的所有属性外，其最大的特点就是支持宽度和高度最大为30万像素的文件。但是PSD格式也有缺点，就是存储的图像文件特别大，占用磁盘空间较多。由于在一些图形程序中没有得到很好的支持，所以通用性不强。

2. BMP文件格式

BMP格式是DOS和Windows兼容的计算机上的标准图像格式，是英文Bitmap（位图）的简写。BMP格式支持1～24位颜色深度，使用的颜色模式有RGB、索引颜色、灰度和位图等，但不能保存Alpha通道。BMP格式的特点是，包含的图像信息较丰富，几乎不对图像进行压缩，其占用磁盘空间大。

3. JPEG 格式

JPEG 是一种高压缩比、有损压缩真彩色的图像文件格式，其最大特点是文件比较小，可以进行高倍率的压缩，因而在注重文件大小的领域应用广泛，比如，网络上绝大部分要求高颜色深度的图像都使用 JPEG 格式。JPEG 格式支持 RGB、CMYK 和灰度颜色模式，主要用于图像预览和制作 HTML 网页。

JPEG 格式是压缩率最高的图像格式之一，这是由于 JPEG 格式在压缩保存的过程中会以失真最小的方式丢掉一些肉眼不易察觉的数据，因此，保存后的图像与原图会有差别。由于 JPEG 格式的图像没有原图像的质量好，所以不宜在印刷、出版等高要求的场合下使用。

4. AI 格式

AI 格式是 Illustrator 软件所特有的矢量图形存储格式。在 Photoshop 软件中将图像文件输出为 AI 格式，可以在 Illustrator 和 CorelDRAW 等矢量图形软件中直接打开，并可以进行任意修改和处理。

5. TIFF 格式

TIFF 格式用于在不同的应用程序和不同的计算机平台之间交换文件。TIFF 格式是一种通用的位图文件格式，几乎所有的绘画、图像编辑和页面版式应用程序均支持该文件格式。

TIFF 格式能够保存通道、图层和路径信息，由此看来，它与 PSD 格式没有什么区别。但实际上如果在其他应用程序中打开该文件格式所保存的图像，则所有的图层将被合并，因此只有使用 Photoshop 打开保存了图层的 TIFF 文件，才能修改其中的图层。

6. GIF 格式

GIF 格式也是一种非常通用的图像格式，由于最多只能保存 256 种颜色，且使用 LZW 压缩方式压缩文件，因此，用 GIF 格式保存的文件不会占用太多的磁盘空间，非常适合 Internet 上的图片传输。另外，GIF 格式还可以保存动画。

7. EPS 格式

EPS 是 Encapsulated PostScript 的缩写。EPS 可以说是一种通用的行业标准格式，可同时包含像素信息和矢量信息。除了多通道模式的图像之外，其他模式都可存储为 EPS 格式，但是它不支持 Alpha 通道。EPS 格式可以支持剪贴路径，在排版软件中可以产生镂空或蒙版效果。

1.2 Photoshop CC 基本操作

1.2.1 认识 Photoshop CC 的界面

Photoshop CC 是一个功能强大的图形图像处理软件，下面一起来认识这个软件，熟悉各个模块及功能。

Photoshop CC 的工作界面主要由菜单栏、工具选项栏、工具箱、面板栏、文档窗口和状态栏等组成，如图 1-10 所示。下面介绍这些功能项的含义。

Photoshop CC 的操作界面

菜单栏：菜单栏是软件各种应用命令的集合处，从左至右依次为"文件""编辑""图像""图层""选择""滤镜"、3D、"视图""窗口"和"帮助"等菜单，这些菜单集合了 Photoshop 的上百个命令。

菜单栏———
工具选项栏———

工具箱———

文档窗口———

状态栏———

———面板栏

图 1-10　Photoshop 软件界面

工具箱：工具箱中集合了图像处理过程中使用最为频繁的工具，使用它们可以绘制图像、修饰图像、创建选区，以及调整图像显示比例等。工具箱默认位于工作界面左侧，拖动其顶部可以将它拖放到工作界面的任意位置。工具箱顶部有一个折叠按钮▶▶，单击该按钮可以将工具箱中的工具排列紧凑。

工具选项栏：在工具箱中选择某个工具后，菜单栏下方的选项栏就会显示当前工具对应的属性和参数，用户可以通过这些设置参数来调整工具的属性。

面板栏：面板栏是 Photoshop CC 中进行颜色选择、图层编辑和路径编辑等的主要功能面板，单击控制面板区域左上角的扩展按钮◀◀，可打开隐藏的控制面板组。如果想尽可能地显示工具区，单击控制面板区右上角的折叠按钮▶▶，可以最简洁的方式显示控制面板。

编辑窗口：编辑窗口是对图像进行浏览和编辑的主要场所，图像窗口标题栏主要显示当前图像文件的文件名及文件格式、显示比例及图像色彩模式等信息。

状态栏：状态栏位于窗口的底部，最左端显示当前图像窗口的显示比例，在其中输入数值后按〈Enter〉键，可以改变图像的显示比例；中间显示当前图像文件的大小；右端显示当前所选工具，以及正在进行操作的功能与作用。

1.2.2　图像文件的创建、保存与关闭

1. 图像文件的创建

执行"文件"→"新建"命令，弹出"新建"对话框，如图 1-11 所示，单击"确定"按钮，即可完成图像文件的创建。"新建"对话框中各参数的含义如下。

图像文件
的操作

"名称"：设置图像的文件名。

"预设"：指定新图像的预定义设置，可以直接从下拉列表框中选择预定义好的参数。

"宽度"和"高度"：用于指定图像的宽度和高度的数值，在其后的下拉列表框中可以设置计量单位（包括"像素""厘米"和"英寸"等）。数字媒体、软件与网页界面设计一般用"像素"作为单位，应用于印刷的设计一般用"毫米"作为单位。

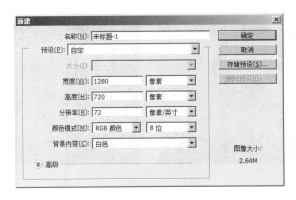

图 1-11 "新建"对话框

"分辨率": 主要指图像分辨率, 就是每英寸图像含有多少点或者像素。

"颜色模式": 网页界面设计主要用 RGB 颜色 (主要用于屏幕显示)。

"背景内容": 在其下拉列表框中有"白色""背景色"和"透明"三种选项。

2. 保存与关闭

执行"文件"→"存储为"命令, 弹出"存储为"对话框, 选择合适的路径并输入合适的文件名, 即可保存图像 (默认格式为 PSD, 网络中一般使用 JPG、PNG 或 GIF 格式)。

执行"文件"→"关闭"命令, 即可关闭图像, 当然, 直接单击窗口的右上角的关闭按钮 ███ ✕ ，也能完成同样的功能。

1.2.3 图像文件的打开与屏幕模式

图像的打开: 执行"文件"→"打开"命令, 弹出"打开"对话框, 选择图片存储的路径, 即可打开图像。

在 Photoshop 中有 3 种显示模式, 这 3 种显示模式可以通过执行"视图"→"屏幕模式"下的命令进行切换。它们是: "标准屏幕模式""带有菜单的全屏模式"和"全屏模式"。3种模式的比较如图 1-12 所示。

3 种模式的切换也可以通过快捷键〈F〉来实现, 连续按快捷键〈F〉可以在这 3 种模式间快速切换。为了更好地显示图像的效果, 还可以按快捷键〈Tab〉来隐藏工具箱和面板栏。

a)

图 1-12 屏幕模式

a) 标准屏幕模式

b)   c)

图 1-12　屏幕模式（续）

b）带有菜单的全屏模式　c）全屏模式

1.2.4　图像与画布大小的操作

画布大小

通过前面的学习，读者已经了解像素作为图像的一种尺寸或者单位，只存在于计算机中，如同 RGB 色彩模式一样只存在于计算机中。像素是一种虚拟的单位，现实生活中并没有这个单位。打开一幅图片"清宴舫.jpg"（图 1-12 中浏览的图像），执行"图像"→"图像大小"命令，在弹出的对话框中可以看到图像的基本信息，如图 1-13 所示。

可以看到这张图片的尺寸，宽度为 1280 像素，高度为 720 像素，文档大小中"宽度"为 45.16 厘米，"高度"为 25.4 厘米，"分辨率"为 72 像素/英寸（1 英寸 = 2.54 厘米）。通过修改图像大小，可以实现图像的放大与缩小。

修改画布大小的方法是执行"图像"→"画布大小"命令，弹出如图 1-14 所示的"画布大小"对话框，可用于添加现有的图像周围的工作区域，或减小画布区域来裁剪图像。

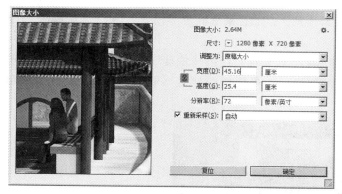
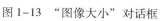

图 1-13　"图像大小"对话框

图 1-14　"画布大小"对话框

在"宽度"和"高度"文本框中输入所需的画布尺寸，从"宽度"和"高度"下拉列表框中可以选择度量单位。

如果选择"相对"复选框，在输入数值时，则画布的大小相对于原尺寸进行相应的增加与减少。输入的数值如果为负数，表示减小画布的大小。对于"定位"选项，单击某个方块可以指示现有图像在新画布上的位置。从"画布扩展颜色"下拉列表框中可以选择画布的颜色。

在"画布大小"对话框中设置好参数后，单击"确定"按钮，即可完成修改。

1.2.5 基本选区的使用

选择区域简称选区，就是用来编辑的区域，所有的命令只对选择区域的部分有效，对区域外无效。选择区域的轮廓用黑白相间的"蚂蚁线"表示。

使用"矩形选框工具"可以方便地在图像中制作出长宽随意的矩形选区。操作时，只要在图像窗口中拖动鼠标，即可建立一个简单的矩形选区（可以复制、粘贴），如图1-15所示。

图1-15　建立矩形选区

在选择了"矩形选框工具"后，Photoshop的工具选项栏会自动变换为"矩形选框工具"参数设置状态，该选项栏分为选择方式、羽化、消除锯齿和样式4部分，如图1-16所示。

图1-16　"矩形选框工具"的选项栏

取消"蚂蚁线"的方式是执行"选择"→"取消选择"命令。

选择方式又分为以下几种功能："新选区"按钮■，能清除原有的选择区域，直接新建选区，这是Photoshop中默认的选择方式，使用起来非常简单；"添加到选区"按钮■，能在原有的选区的基础上添加新的选择区域；"从选区减去"按钮■，能在原来选区中减去与新的选择区域交叉的部分；"与选区交叉"按钮■，使原有选区和新建选区相交的部分成为最终的选择范围。

羽化：设置羽化参数可以有效地消除选择区域中的硬边界并将它们柔化，使选择区域的边界产生朦胧的渐隐效果。对图1-15中的选取内容进行羽化前后的对比效果如图1-17所示。

a)   b)

图 1-17   "矩形选框工具"的"羽化"选择方式

a）未进行羽化   b）羽化后的效果

样式：当需要得到精确的选区的长宽特性时，可通过选区的"样式"选项来完成。样式分为 3 种：正常、固定长宽比和固定大小。

1.2.6 前景色与背景色的设置

前景色与背景色

Photoshop 使用前景色绘图、填充和描边选区，使用背景色进行渐变和填充图像中的被擦除的区域。工具箱的前景色与背景色的设置按钮位于工具箱中，如图 1-18 所示。

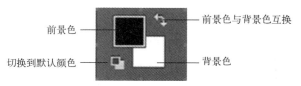

图 1-18   设置前景色与背景色

单击前景色或背景色颜色框，即可弹出"拾色器"对话框，如图 1-19 所示。

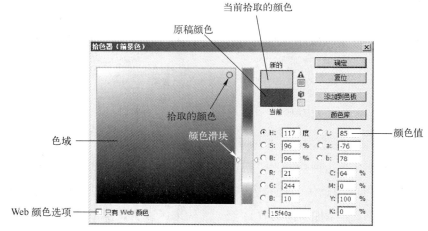

图 1-19   "拾色器"对话框

单击左侧的任意颜色色块，或者在右侧的文本框中输入其中一种颜色模式的数值，均可得到所需的颜色。

选择工具箱中的"吸管工具" ，然后在需要的颜色上单击，即可将该颜色设置为当前的前景色，当拖动"吸管工具"在图像中取色时，前景色选择框会动态地发生相应的变化。如果单击某种颜色的同时按住〈Alt〉键，则可以将该颜色设置为新的背景色。

1.3　Photoshop CC 专业快捷键的应用

快捷键操作是指通过键盘的按键或按键组合来快速执行或切换软件命令的操作。作为职业的平面设计师，如果不会使用快捷键，就好像书法爱好者不懂怎样握毛笔一样。用快捷键与不用快捷键相比，平面效果图的制作效率至少提高一倍，换句话说，用快捷键操作 4 个小时完成的工作，如果不用快捷键可能要干 8 个小时才能完成，甚至还要加班。

1.3.1　快捷键指法应用

1. 指法介绍

平面设计中 Photoshop 软件的快捷键相当丰富，在这里举几个例子来说明快捷键的使用方法与技巧。

快捷键〈Ctrl + A〉的功能是选择全部。

操作含义：按住〈Ctrl〉键不松手，然后按一下〈A〉键，最后松开所有按键。

操作要点：按下第一个组合键时不可松手，确保在按下它的前提下，按第二个组合键，同样在按二个组合键时第一个组合键不可松开。

操作指法（以左手操作键盘，右手操作鼠标为例），如图 1-20 所示。

图 1-20　〈Ctrl + A〉快捷键的指法操作技巧

快捷键〈Ctrl + P〉的功能是打印，操作指法如图 1-21 所示。

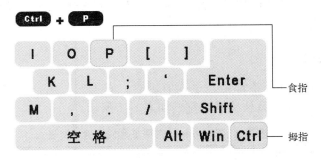

图 1-21　〈Ctrl + P〉快捷键的指法操作技巧

快捷键〈Ctrl + Alt + 空格〉的功能是切换至缩小工具，操作指法如图 1-22 所示。

图 1-22 〈Ctrl + Alt + 空格〉快捷键的指法操作技巧

快捷键〈Ctrl + Shift + Alt + T〉的功能是再次变换复制的像素数据并建立一个副本,操作指法如图 1-23 所示。

图 1-23 〈Ctrl + Shift + Alt + T〉快捷键的指法操作技巧

2. 常见问题

问题 1:许多快捷键在中文输入法状态下无效。解决办法:切换至英文输入状态。

问题 2:按组合快捷键时,先按了的按键不小心松开了,使整个组合快捷键无效(初期会出现)。解决办法:不要松开先按下的按键。

问题 3:快捷键与鼠标协同操作时,先松开键盘,后松开鼠标,导致鼠标操作无效。解决办法:先松开鼠标,再松开键盘。

1.3.2 常用快捷键

高效的 Photoshop 操作基本都是左手摸着键盘,右手按着鼠标,很快就完成一个作品,简直令人叹为观止,常用工具快捷键一览表如表 1-1 所示。

表 1-1 Photoshop 常用工具快捷键一览表

快 捷 键	功能与作用	快 捷 键	功能与作用
M	选框	L	套索
V	移动	W	快速选择
J	污点修复画笔	B	画笔

快 捷 键	功能与作用	快 捷 键	功能与作用
I	吸管	S	仿制图章
Y	历史记录画笔	E	橡皮擦
R	旋转视图	O	减淡
P	钢笔	T	文字
U	矩形	G	渐变
H	抓手	Z	缩放
D	默认前景色和背景色	X	切换前景色和背景色
Q	编辑模式切换	F	显示模式切换

常用的快捷键一览表如表 1-2 所示。

表 1-2　photoshop 常用快捷键一览表

快 捷 键	功能与作用	快 捷 键	功能与作用
Ctrl + N	新建图形文件	Tab	切换显示或隐藏所有的控制板
Ctrl + O	打开已有的图像	Shift + Tab	隐藏其他面板（除工具箱）
Ctrl + W	关闭当前图像	Ctrl + A	全部选择
Ctrl + D	取消选区	Shift + BackSpace	弹出"填充"对话框
Ctrl + Shift + I	反向选择	Ctrl ++	放大视图
Ctr + S	保存当前图像	Ctrl + –	缩小视图
Ctr + X	剪切选取的图像或路径	Ctrl + 0	满画布显示
Ctr + C	复制选取的图像或路径	Ctrl + L	调整色阶
Ctrl + V	将剪贴板的内容粘贴到当前图形中	Ctrl + M	打开曲线调整对话框
Ctr + K	打开"预置"对话框	Ctrl + U	打开"色相/饱和度"对话框
Ctr + Z	还原/重做前一步操作	Ctrl + Shift + U	去色
Ctr t + Alt + Z	还原两步以上操作	Ctrl + I	反相
Ctrt + Shift + Z	重做两步以上操作	Ctrl + J	通过复制建立一个图层
Ctrl + T	自由变换	Ctrl + E	向下合并或合并联接图层
Ctrl + Shift + Alt + T	再次变换复制的像素数据并建立一个副本	Ctrl + [	将当前图层下移一层
Delete	删除选框中的图案或选取的路径	Ctrl +]	将当前图层上移一层
Ctrl + BackSpace 或 Ctrl + Delete	用背景色填充所选区域或整个图层	Ctrl + Shift + [	将当前图层移到最下面
Alt + BackSpace 或 Alt + Delete	用前景色填充所选区域或整个图层	Ctrl + Shift +]	将当前图层移到最上面

1.4　小结

本章是 Photoshop 职场入门，主要介绍了一些图像处理的专业术语，初识 Photoshop CC 界面与基本操作，在专业操作层面主要是掌握快捷键的指法应用与技巧。对于学习 Photoshop 的初学者来说，应该多浏览、多实践、多交流。

1.5 项目作业

用数码相机在原点分几次拍摄一幅较大幅面的彩色图像（如图 1-24 所示），然后用 Photoshop CC 将其拼接成一幅完整的图像，并将完成后的图像保存成 JPEG 格式的图像文件，如图 1-25 所示。

a)　　　　　　　　　　　　b)　　　　　　　　　　　　c)

图 1-24　拼接图像素材

a）素材图 1　b）素材图 2　c）素材图 3

图 1-25　图像拼接后的效果

第 2 章　Photoshop 基本工具的使用

2.1　案例 1：盘中红草莓效果的制作

在网上，大家经常会看到漂亮的产品广告图片，然而在前期拍摄的图片中，通常会存在一些不足，这就需要通过 Photoshop 进行后期处理。本案例将对所拍摄的餐具图片进行调整和装饰，实现较好的宣传效果。案例效果如图 2-1 所示。

图 2-1　盘中红草莓效果图

工具箱中提供的各种工具是 Photoshop 的基础，利用它们能够绘制各种形状的图形图像，对各种图形图像进行基本操作。本节将通过盘中红草莓效果的制作案例学习图像调整工具的基本使用方法和技巧。本案例主要使用移动工具、魔棒工具、裁剪工具、橡皮擦工具和仿制图章工具等。

移动工具

2.1.1　移动工具

移动工具（　）用于移动图层中的整个画面或图层内由选框工具控制的区域。当选择"移动工具"后，"移动工具"的选项栏将会显示在菜单栏的下方，如图 2-2 所示。

图 2-2　"移动工具"的选项栏

选择"自动选择"复选框后，单击画布中的图像，图像便会自动被选择，否则需要通过单击"图层"面板中的相应图层，图像才会被选中。通过边框的矩形框可对图像进行大小调整、旋转等操作。选择"显示变换控件"复选框后，单击画布中的图像，便会在图像的四周出现黑色并带有矩形框的边框，如图 2-3 所示。利用"显示变换控件"后面的工具可对多个图形进行对齐、排列等操作。操作结束后，单击选项栏中的 ✓ 按钮，或者双击该图片，即可确认此次操作。

a)

b)

图 2-3　移动工具的使用
a）自动选择状态　b）对图像进行了旋转

2.1.2　魔棒工具

魔棒工具

魔棒工具（　）用于选择图片中着色相近的区域。当选择"魔棒工具"后，"魔棒工具"的选项栏将显示在菜单栏下方，如图 2-4 所示。选项栏中依次是选区建立方式、容差、消除锯齿、连续和对所有图层取样等选项。

图 2-4　"魔棒工具"的选项栏

使用"魔棒工具"建立的选区有 4 种方式，分别为：新选区、添加到选区、从选区中减去、与选区交叉。它们的意义在 1.2.5 节中已经讲过，在此只举例介绍。

"新选区"功能就是去掉旧的选择区域，选择新的区域。每次单击都产生一个独立的、新的选区，在选区的边缘位置会出现运动的虚线，虚线内部的区域为已选中的区域（如图 2-5a 所示）。"添加到选区"就是在旧的选择区域的基础上，增加新的选择区域，形成最终的选择区域，即可选择多个区域（如图 2-5b 所示）。

"容差"：数值越小，选取的颜色范围越接近；数值越大，选取的颜色范围越大。可输入 0～255 之间的数值，系统默认为 32。

"消除锯齿"：选择该复选框后，所选择的区域将更加圆滑。

"连续"：如果不选择该复选框，则得到的选区是整个图层中色彩符合条件的所有区域，这些区域并不一定是连续的。

"对所有图层取样"：如果选择该复选框，则色彩选取范围可跨所有可见图层。如果取消选择该复选框，则只能在当前图层起作用。

a)   b)

图 2-5　魔棒工具的选择

a）新选区的使用　b）添加到新选区

2.1.3　裁剪工具

裁剪工具（🔳）用来裁剪图像的大小。选择"裁剪工具"后，"裁剪工具"的选项栏如图 2-6 所示。"宽 × 高 × 分辨率"分别为裁剪后图像的实际宽度、高度和分辨率，这 3 项可根据实际需要进行设置。

默认情况下，裁剪区域自动显示为整个图像的编辑区域。

裁剪工具

图 2-6　裁剪工具属性栏

要调整裁剪区域的尺寸，可首先将光标定位在裁剪区域，拖动光标；或者将光标移至四周的控制点上，待光标变为 ↖ 或 ↘ 形状后，拖动光标即可。在裁剪区域的中心有一个 ✛ 标记，该标记称为"旋转支点"，即用户在旋转裁剪区域时将围绕该点来进行。要移动旋转支点，可首先将光标移至支点附近，待光标变为 ▸ 形状后拖动光标即可；要旋转裁剪区域，可首先将光标定位在裁剪区域外侧，待光标形状变为 ↰ 后拖动光标即可，如图 2-7 所示。旋转到位后，按〈Enter〉键确认。

a)   b)

图 2-7　裁剪工具的使用

a）使用裁剪工具　b）裁剪后的图片效果

2.1.4 仿制图章工具

仿制图章工具（）可准确复制图像的一部分或全部，从而产生某部分或全部的副本，它是修补图像时常用的工具。例如，若原有图像有折痕，可用此工具选择折痕附近颜色相近的像素点来进行修复。在"仿制图章工具"的选项栏中包括画笔预设选取器、模式、不透明度和流量等选项，如图2-8所示。

仿制图章工具

图 2-8 "仿制图章工具"的选项栏

画笔预设选取器：在画笔预览图的弹出面板中选择不同类型的画笔来定义仿制图章工具的大小、形状和边缘软硬程度。

"模式"：选择复制的图像，以及与底图的混合模式。

"不透明度"：复制图像的不透明度。

"流量"：复制图像的颜色深度。

"对齐"：选择该复选框后，不管停笔后再画多少次，每次复制都间断其连续性。这种功能对于用多种画笔复制一张图像非常有用。如果取消选择此复选框，则每次停笔再画时，都从原先的起画点画起，此时适用于多次复制同一图像。

使用仿制图章工具，把鼠标移到准备复制的图像上，按住〈Alt〉键，选中复制起点，起点处会出现十字图标⊕，然后松开〈Alt〉键。这时就可以拖动鼠标，在图像的任意位置开始复制，十字图标表示复制时的取样点。仿制图章工具的使用如图2-9所示。

a)

b)

图 2-9 仿制图章工具使用
a）原始图像 b）仿制效果

2.1.5 橡皮擦工具

橡皮擦工具（）含有橡皮擦、背景橡皮擦和魔术棒橡皮擦3种擦除工具。其选项栏如图2-10所示。橡皮擦工具作用在背景层图上相当于使用背景颜色的画笔，作用于图层上擦除后变为透明；背景橡皮擦工具能将背景图层擦成普通图层，把画面完全擦除；魔术棒橡皮擦工具可依据画面颜色擦除画面。

橡皮擦工具

"模式"：可选择橡皮擦的擦除方式及形状。

"不透明度"：橡皮擦擦除的效果的不透明度。

图 2-10 "橡皮擦工具"的选项栏

"流量"：橡皮擦擦除效果的深浅。

使用橡皮擦工具，直接单击该工具，选择相应的模式及不透明度等选项，在图像上拖动鼠标，即可擦除橡皮擦经过的部分。

2.1.6 案例实现过程

用选择工具选取图像的一部分以便和其余图像组合，是图像编辑中最常用的方式，其操作简单而实用。本例将介绍如何实现不同图像的组合编辑，操作步骤如下。

案例：盘中的红草莓

1）启动 Photoshop，执行"文件"→"打开"命令，在弹出的对话框中找到"餐具原始效果图.jpg"文件并打开，用同样的方法打开"红色草莓原始图像.jpg"文件，如图 2-11 所示。

a)

b)

图 2-11 两幅原始图片效果

a）餐具原始图像 b）草莓原始图像

2）在打开的餐具原始效果图中，使用"裁剪工具"对其进行裁剪，保留画布右侧的餐具。将鼠标放在边框右上角的矩形框的外侧，待光标变成 ↵ 形状后，对裁剪的部分进行调整，以使调整后的餐具摆正位置，而不是倾斜的，如图 2-12 所示。调整合适后，双击裁剪区域或者单击"裁剪工具"的选项栏右侧的 ✔ 按钮，确认此次操作，如图 2-13 所示。

图 2-12 打开后的原始图片效果图　　　　　图 2-13 调整后的效果图

3）打开红色草莓原始效果图，单击"魔棒工具"按钮，并单击其选项栏中的"添加到选区"按钮，单击草莓外的所有白色区域，这时所有白色区域将会被选中，如图 2-14 所示。

本案例的目的是将草莓放置在盘子中，因此需要选中草莓，而不是白色区域。接下来执行"选择"→"反选"命令（快捷键为〈Ctrl + Shift + I〉），选中草莓，如图 2-15 所示。

图 2-14　白色区域被选中　　　　　　　　图 2-15　红色草莓被选中

4）执行"编辑"→"拷贝"命令（快捷键为〈Ctrl + C〉），复制被选区选中的草莓。进入到裁剪后的餐具原始效果图中，执行"编辑"→"粘贴"命令（快捷键为〈Ctrl + V〉），将已复制的草莓图像粘贴到本文件中，如图 2-16 所示。

粘贴后的草莓个头较大，因此使用"移动工具"对其大小及摆放的角度进行调整，如图 2-17 所示。大小调整合适后，双击草莓，确认此次操作。

图 2-16　粘贴后的草莓效果图　　　　　　图 2-17　草莓调整效果图

5）为使草莓放置在盘中的效果更加逼真，因此将草莓移到如图 2-18 所示的位置。接下来使用"橡皮擦工具"，选择画笔模式，并单击"画笔预设"选取器，选择"柔边缘"预设画笔，大小为 14 像素，沿着碗的边缘将碗外面的草莓部分擦除，以产生将草莓放置在碗中的效果。为使擦除的边缘更精细，可以使用放大镜工具将图像放大进行操作，擦除后的效果如图 2-19 所示。

图 2-18　草莓摆放效果图　　　　　　　　　图 2-19　草莓擦除后效果

6）在擦除后的图片中，可以看到由于在操作步骤 2 中裁剪图片，造成在图片的右上角有一条黑色的边缘，使图片变得不完美。接下来使用"仿制图章工具"，将餐具图层的黑色边缘进行复原。注意，修复的是餐具图层，因此在使用仿制图章工具前，应单击"图层"面板中的餐具图层（此处为背景图层）。按住〈Alt〉键仿制黑色边缘旁边的灰色区域，对黑色边缘进行涂抹，效果如图 2-1 所示。

2.1.7　应用技巧与案例拓展

使用 Photoshop 的过程中，有很多操作技巧，如果能熟练掌握这些技巧，将会起到事半功倍的效果。

技巧 1：使用选择工具调整草莓的大小时，可按住〈Shift〉键，等比例调整其大小。

技巧 2：使用魔棒工具时，选项栏默认选择的是新选区，这时可以按住〈Shift〉键实现多个选区的选择，同样实现添加到选区的效果。

技巧 3：使用裁切工具调整裁剪框、而裁剪框又比较接近图像边界的时候，裁剪框会自动贴到图像的边上，无法精确地裁剪图像。不过只要在调整裁剪边框时按住〈Ctrl〉键，那么裁剪框就会方便控制，从而进行精确裁剪。

技巧 4：如果图像比较复杂，无法使用魔棒工具精确选择某一部分图像，这时可以使用放大镜工具将其放大，再使用魔棒工具选择。缩放工具的快捷键为〈Z〉，此外，快捷键〈Ctrl + 空格键〉为放大工具，快捷键〈Alt + 空格键〉为缩小工具，但是要配合单击才可以缩放；同样，按〈Ctrl + +〉组合键及〈Ctrl + -〉组合键也可分别放大和缩小图像；按〈Ctrl + Alt + +〉组合键和〈Ctrl + Alt + -〉组合键可以自动调整窗口以满屏缩放显示，使用此工具无论图片以多少百分比来显示，都能全屏浏览。如果想要在使用缩放工具时按图片的大小自动调整窗口，可以在缩放工具的选项栏中单击"满画布显示"按钮。

2.2　案例 2：诚信公益广告的制作

公益广告是为了传播社会文明，弘扬道德风尚而制作的，让公众在感到有趣、好奇、轻松、耐看的同时产生共鸣，从而巧妙地使公众发自内心地接受。本案例通过使用渐变工具、移动工具、橡皮擦工具及文字等工具制作诚信公益广告，来了解 Photoshop 中一些基本工具的使用。在案例中主要用到"渐变工具""减淡工具"和"文字"等工具的使用。本例效果如图 2-20 所示。

图 2-20　诚信公益广告效果图

2.2.1　渐变工具

渐变工具（　）用于填充渐变颜色，如果不创建选区，渐变工具将作用于整个图像。所谓渐变，就是在图像某一区域填入多种过渡颜色的混合色。渐变工具的使用方法是按住鼠标左键并拖曳，形成一条直线，直线的长度和方向决定了渐变填充的区域和方向，拖曳鼠标的同时按住〈Shift〉键可保证鼠标的方向是水平、竖直或 45° 倍数。拖曳距离越长，其渐变越柔和。单击工具箱中的"渐变工具"按钮，在菜单栏下方会出现"渐变工具"的选项栏，如图 2-21 所示。

渐变工具

图 2-21　"渐变工具"的选项栏

"渐变工具"选项栏中主要包括编辑渐变效果、选择渐变类型、模式、不透明度和反向等选项。

1. 编辑渐变效果

单击"点按可编辑渐变"效果图标（　），会弹出"渐变编辑器"对话框，如图 2-22 所示。

任意单击一个渐变图标，在"名称"后面就会显示其对应的名称。并在对话框的下部分出现渐变效果预视条，显示渐变的效果并可进行渐变的调节。在已有的渐变样式中选择一种渐变作为编辑的基础，在渐变效果预视条中调节任何一个项目后，"名称"后面的名称自动变成"自定"，用户可以自行输入名称。

在渐变效果预视条下端有颜色标记点　，其上半部分的小三角是白色，表示没有选中，单击颜色标记点，上半部分的小三角变黑，表示已将其选中。在下面的"色标"选项组中（如图 2-23 所示），"颜色"后面的色块会显示当前选中标记点的颜色，单击此色块，在弹出的"拾色器"对话框中修改颜色。在渐变效果预视条下端边缘单击，可增加颜色标记点。

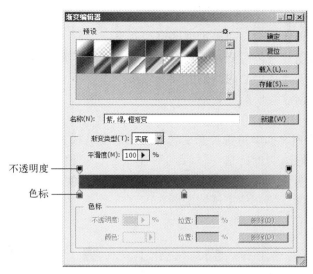

图 2-22 "渐变编辑器"对话框

渐变效果预视条上端有不透明度标记点![icon]，其下半部分的小三角是白色，表示没有选中，单击不透明度标记点，下半部分的小三角变黑，表示已将其选中。在渐变效果预视条上端边缘单击，可增加不透明度标记点，用于标记渐变过程中该位置的透明度设置。在下面的"色标"选项组中（如图 2-24 所示），"不透明度"后面会显示当前选中标记点的不透明度。在"位置"后面显示其位置，单击后面的"删除"按钮可将此不透明度标记点删除。

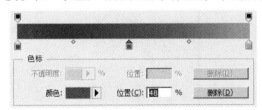

图 2-23　颜色标记点设置

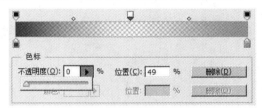

图 2-24　不透明度标记点设置

2. 选择渐变效果

单击"点按可编辑渐变"效果图标![icon]后面的小三角，会出现弹出式的渐变面板，如图 2-25 所示，其中已保存多种默认的渐变效果，可以选择任意一种渐变效果。

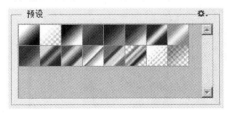

图 2-25　选择渐变效果

3. 选择渐变类型

渐变类型共有五种，线性渐变（![icon]）、径向渐变（![icon]）、角度渐变（![icon]）、对称渐变（![icon]）和棱形渐变（![icon]）。单击各小图标可选择不同的渐变类型。

23

线性渐变：可以创建直线渐变效果。

径向渐变：可以创建从圆心向外扩展的渐变效果。

角度渐变：可以创建颜色围绕起点并沿着周长改变的渐变效果。

对称渐变：可以创建从中心向两侧的渐变效果。

菱形渐变：可以创建菱形渐变效果。

4. 其他选项

在"模式"下拉列表框中可选择渐变色和底图的混合模式；"不透明度"后面的数值用于改变整个渐变过程的透明度；选择"反向"复选框，可使渐变沿着相反的方向进行；选择"仿色"复选框，可使用递色法来填充中间色调，从而使渐变效果更平缓；选择"透明区域"复选框，可对渐变填充使用透明蒙版。

2.2.2 模糊工具组

模糊工具组

模糊工具组包括模糊工具（🖌）、锐化工具（🔺）和涂抹工具（🖌），可分别将画面局部变成模糊效果、锐利清晰效果，以及将画面涂抹效果。

1）模糊工具（🖌）可使颜色值相近的颜色融为一体，使颜色看起来平滑柔和，将较硬的边缘软化，如图 2-26 所示。

a)　　　　　　　　　　　　　　　　　b)

图 2-26　模糊工具的使用

a）原始图像　b）模糊效果

2）锐化工具（🔺）可增大相邻像素的对比度，将较软的边缘明显化，使图像聚焦，如图 2-27 所示。这个工具不可过度使用，因为将会导致图像严重失真。

a)　　　　　　　　　　　　　　　　　b)

图 2-27　锐化工具的使用

a）原始图像　b）多次使用锐化工具后的效果图

"模糊工具"与"锐化工具"的选项栏相类似，如图 2-28 所示。

图 2-28 "模糊工具"的选项栏

选项栏包括画笔预设、模式、强度和对所有图层取样等选项。

"画笔预设"：可设置模糊工具的形状、大小等。

"模式"：可设定工具和底图不同的作用模式。

"强度"：通过调节"强度"的大小，使工具产生不同的效果，强度越大，效果越明显。

"对所有图层取样"：使用模糊工具时，不会受不同图层的影响，无论当前是哪个活动层，模糊工具和锐化工具都对所有图层上的像素起作用。

3）涂抹工具（ ）用于模拟用手指涂抹油墨的效果，在颜色的交界处使用涂抹工具，会有一种相邻颜色互相挤入而产生的模糊感。涂抹工具不能在"位图"和"索引颜色"模式的图像上使用。其选项栏如图 2-29 所示。

图 2-29 "涂抹工具"的选项栏

"涂抹工具"的选项栏和"模糊工具"选项栏中的选项类似，多了一个"手指绘画"复选框。

"强度"：可控制手指作用在画面上的工作力度。默认的"强度"为 50%，数值越大，手指拖出的线条就越长，反之则越短。如果"强度"设置为 100%，则可拖出不限长的线条，直到松开鼠标。

"手指绘画"：指每次拖曳鼠标绘制的开始就会使用工具箱中的前景色。如果将"强度"设置为 100%，其作用相当于画笔。

其他选项的含义与模糊工具类似，涂抹工具的使用效果如图 2-30 所示。

a)   b)

图 2-30 涂抹工具的使用

a）原始图像　b）多次使用涂抹工具后的效果图

2.2.3　减淡工具组

减淡工具组包括减淡工具（ ）、加深工具（ ）和海绵工具（ ），分别可将画面局部变亮、变暗，以及调整色彩饱和度。

减淡工具组

1）减淡工具（）主要用于改变图像部分区域的曝光度，使图像变亮，如图2-31所示。

a)　　　　　　　　　　　　　　　　　b)

图2-31　减淡工具的使用

a）原始图像　b）多次使用减淡工具后效果图

2）加深工具（）主要用于改变图像部分区域的曝光度，使图像变暗，如图2-32所示。

a)　　　　　　　　　　　　　　　　　b)

图2-32　加深工具的使用

a）原始图像　b）多次使用加深工具后效果图

3）海绵工具（）可以精确地改变图像局部的色彩饱和度。其选项栏如图2-33所示。

图2-33　"海绵工具"的选项栏

模式：可以减少或增加图像的饱和度。如果将"模式"设置为"去色"，可以减少图像的饱和度，甚至使图像变成灰色。如果将"模式"设置为"加色"，可以增加颜色的饱和度。海绵工具"去色"模式的使用效果如图2-34所示。

26

图 2-34　海绵工具的使用

a）原始图像　b）多次使用海绵工具后的效果图

2.2.4　文字工具组

文字工具组

文字工具主要包括横排文字工具（ T ）、直排文字工具（ IT ）等，利用它们分别可以输入横排文字和竖排文字，两种工具的选项栏中的选项都是相同的，如图 2-35 所示。这里选择横排文字工具进行介绍。

选项栏中各选项的功能和 Word 中的功能相类似。第一个选项为切换文本取向选项（ T ），其作用是改变文本的方向，如果原来是横排文字，若单击此选项将变成竖排文字。后面的选项依次可以设置字体样式和字体大小等。

图 2-35　文字工具属性栏

在字体大小后面为设置消除字体锯齿的方法，共有犀利、锐利、平滑和浑厚等几种方式，主要设置所输入字体边缘的形状，并消除锯齿。

接下来的选项为设置输入文字的排列方式和字体颜色，横排文字工具的对齐方式分为左对齐、居中对齐和右对齐。

利用创建变形文本选项（ ■ ）可以创建变形文本。

最后一个为切换字符与段落面板选项（ ■ ），主要用来调整字体和段落的基本属性。

通过文字工具可以输入直排文字和段落文字。要输入直排文字可直接选择文字工具，在画面中的合适位置单击即可。段落文本是一类以段落文字边框来确定文字的位置与换行情况的文字，边框里的文字会自动换行。单击文本工具，在页面中拖动鼠标，松开鼠标后将创建一个段落文本。生成的段落文本框有 8 个控制文本框大小的控制点，可以缩放文本框，但不影响文本框内的各项设定。创建完文本框后，可在文本框内直接输入文字，如图 2-36 所示。

如果对输入的文字字体、段落等方式不满意，可单击选项栏中的最后一个选项进行细致的调整。当单击最后一个选项时，会打开"字符"面板，如图 2-37 所示，选择面板中的"段落"选项卡，将会切换到"段落"面板。

在"字符"面板中除了可以设置文字的字体、大小、颜色和消除锯齿等基本选项外，还可设置行间距、水平比例和垂直比例等项。

a) b)

图 2-36 段落文字输入

a) 输入段落文字 b) 调整后的效果

a) b)

图 2-37 文字调整面板

a) "字符" 面板 b) "段落" 面板

行间距 ()：行间距指两行文字之间的基线距离。在数值框中输入数值或在下拉列表框中选择一个数值，可以设置行间距，数值越大，行间距越大。

垂直比例 (　100%) 和水平比例 (　100%)：在数值框中输入百分比，可分别调整文字在垂直方向和水平方向的放大比例。

字符比例间距 (　0%)：按指定的百分比值减少字符周围的空间。当向字符添加比例间距时，字符两侧的间距按相同的百分比减少，字符本身不会被伸展或挤压。

字间距调整 (　5)：用于控制所选文字的间距，数值越大，间距越大。

基线偏移 (　0点)：控制文字与文字基线之间的距离，正数基线向上移，负数基线往下移。

在基线偏移的下方为文字的加粗、倾斜、全部大写、全部小写、上标和下标等基本设置。

在 "段落" 面板中可设置段落中文本对齐方式、左缩进、右缩进及首行缩进的大小等。另外，还有段前添加空格、段后添加空格等方面的设置。

段前添加空格 (　0点) 和段后添加空格 (　0点)：用于设置当前段落与上一段落或下一段落之间的垂直间距。

避头尾法则设置：确定日语文字中的换行。不能出现在一行的开头或结尾的字符称为避

28

头尾字符。

　　间距组合设置：确定日语文字中标点、符号、数字及其他字符类别之间的间距。

　　连字：设置手动和自动断字，仅适用于 Roman 字体。

2.2.5　案例实现过程

案例：诚信公
益广告的制作

　　本例中用橡皮擦工具擦除山景图片上方不需要的部分，并为图层添加蒙版，最后使用文字工具进行装饰。本案例操作步骤如下。

　　1）启动 Photoshop，执行"文件"→"新建"命令（或者直接按〈Ctrl+N〉组合键进行创建），创建一个宽为 800 像素，高为 600 像素，分辨率为 300 像素/英寸的文档。

　　2）选择"渐变工具" █，设置其渐变颜色为白色（ffffff）到浅黄色（fff0c8），并选择渐变方式为径向渐变，对"背景"图层进行径向填充，效果如图 2-38 所示。

　　3）执行"文件"→"置入"命令，将山景素材图片导入到画布中，然后将其放大并放置到画布中合适的位置，如图 2-39 所示。双击导入的山景素材，确认置入操作。执行"图层"→"栅格化"→"智能对象"命令，将置入素材转化为可操作的基本图形。

图 2-38　背景图层填充效果图

图 2-39　山景素材置入画布中

　　4）为了使山景图片和背景图片更好地融合，单击工具箱中的"橡皮擦工具"按钮█，选择"画笔"模式，单击"画笔预设"选取器，选择"柔边圆"预设画笔，设置"大小"为 153 像素，如图 2-40 所示，将山景图片上方不需要的部分擦除，如图 2-41 所示。然后将图层的混合模式设置为"明度"，将"不透明度"设置为 50%，如图 2-42 所示，图像效果如图 2-43 所示。

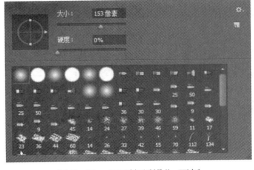

图 2-40　"画笔预设"面板

图 2-41　擦除山景边缘的效果

图 2-42　设置混合模式及不透明度的"图层"面板　　　图 2-43　设置混合模式及不透明度后的效果

5）将文字素材图片置入到画布中，并移动其位置，将其置于画布中合适的位置，如图 2-44 所示。单击"图层"面板底部的"添加图层蒙版"按钮 ▣ ，为文字添加蒙版。单击工具箱中的"渐变工具"按钮 ▣ ，设置渐变的颜色为从白色到黑色的线性渐变，然后在画布中从上向下拖曳鼠标填充渐变，如图 2-45 所示。

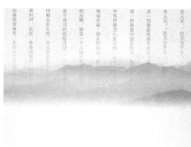

图 2-44　添加文字　　　　　　　　　图 2-45　添加图层蒙版后的效果

6）执行"文件"→"打开"命令，在弹出的对话框中找到"房檐.jpg"和"青铜器.jpg"文件。使用"移动工具" ▣ 将房檐、青铜器文件都拖动到画布中，然后将其缩小并放置到画布中合适的位置，如图 2-46 所示。

7）再打开"红丝带.jpg"素材。由于红丝带整体效果比较暗，单击工具箱中的"减淡工具"按钮，设置画笔大小为 190，曝光度为 50%，涂抹红丝带，将其调亮，如图 2-47 所示。

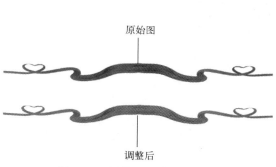

原始图

调整后

图 2-46　添加图像　　　　　　　　　图 2-47　调整红丝带后的效果

8）选择"魔棒工具" ，将其选项栏中的"容差"值设置为20，单击白色背景区域，选择"选择"→"反选"命令（快捷键为〈Ctrl + Shift + I〉）来选中红丝带。使用"移动工具" 将红丝带拖动到画布中，然后将其缩小并放置到画布中合适的位置，如图2-48所示。

9）按住〈Ctrl〉键的同时在"青铜器"图层上单击，将青铜器载入选区，如图2-49所示。

图2-48　移动红丝带后的效果

图2-49　载入选区

10）切换到红丝带图层，单击工具箱中的"橡皮擦工具"按钮，选择"硬边缘"预设画笔，删除部分红丝带，如图2-50所示。

11）打开"龙纹.psd"素材，使用"移动工具" 将龙纹素材拖动到画布中，然后将其缩小并放置到合适的位置，再将其"不透明度"设置为20%，如图2-51所示。

图2-50　删除效果

图2-51　添加龙纹效果

12）打开"图形.psd"素材。使用"移动工具" 将图形素材拖动到画布中，并放置到合适的位置，如图2-52所示。

13）选择"直排文字工具"，将字体设置为"华文中宋"，设置字号为10点，颜色为浅黄色（fde8b1），其他保持默认。在画布中图形上面的位置输入文字"诚信"，完成后单击选项栏右上角的对号（ ）确认文字的输入。接下来将字体设置为"方正黄草简"，设置字号为50点，颜色为红色（e50012），输入文字"善"。最后再使用"横排文字工具"输入文字"2016"和"CHENGXIN"，最终效果图如图2-20所示。

a)   b)

图 2-52　添加图形效果

a）图像上的效果　b）"图层"面板上的效果

2.2.6　应用技巧与案例拓展

1. 应用技巧

技巧 1：使用魔棒工具时注意配合〈Shift〉和〈Alt〉键的使用。"添加到选区"可按快捷键〈Shift〉；"从选区中减去"可按快捷键〈Alt〉；"与选区交叉"可按快捷键〈Shift + Alt〉。

技巧 2：移动图层和选区时，按住〈Shift〉键可做水平、垂直或 45°角的移动；按键盘上的方向键可做每次 1 个像素的移动；按住〈Shift〉键后再按键盘上的方向键可做每次 10 个像素的移动。

技巧 3：要快速改变在对话框中显示的数值，首先单击那个数字，让光标处在对话框中，然后就可以用上下方向键来改变该数值了。如果在用方向键改变数值前先按住〈Shift〉键，那么数值的改变速度会加快。

技巧 4：在使用自由变换工具的快捷键〈Ctrl + T〉时按住〈Alt〉键，即按快捷键〈Ctrl + Alt + T〉即可先复制原图层（在当前的选区）后再在复制图层上进行变换；快捷键〈Ctrl + Shift + T〉为再次执行上次的变换，快捷键〈Ctrl + Alt + Shift + T〉为复制原图后再执行变换。

技巧 5：在新建的 Photoshop 文件中有时图像为黑白色，不能显示彩色，原因可能是新建文件时，在"新建"对话框中选择的"颜色模式"为"灰度"。若要修改为 RGB 彩色模式，则选择"图像"→"模式"命令，在其子菜单中选择 RGB 模式或者其他彩色模式即可。

案例：人物
宣传画制作

2. 案例拓展

本节的拓展案例是人物宣传画的制作，本例中用魔棒工具选择人物头像，并用模糊工具将边缘柔化，最后使用文字工具进行装饰。实现过程较为简单，但应注意如何更精细地抠取人物头像。本案例操作步骤如下。

1）启动 Photoshop，执行"文件"→"新建"命令（或者直接按快捷键〈Ctrl + N〉进行创建），创建一个宽为 550 像素，高为 350 像素，分辨率为 72 像素/英寸的文档。

2）选择"渐变工具" ，设置其渐变颜色为墨绿色（788116）到浅绿色（332314），并选择渐变方式为径向渐变，对背景图层进行径向填充，效果如图 2-53 所示。

3）执行"文件"→"置入"命令，将人物素材图片导入到画布中，如图 2-54 所示，并双击导入的人物素材，确认置入操作。执行"图层"→"栅格化"→"图层"命令，将置入素材转化为可操作的基本图形。

图 2-53　背景图层填充效果图

图 2-54　将人物素材置入画布中

4）使用"魔棒工具"将人物头像单独选出来。选择"魔棒工具"，将选项栏中的"容差"选项值设置为 30，单击人物素材中头像以外的区域，并在头发的周围使用放大镜进行精细选择，建立的选区如图 2-55 所示。在使用魔棒工具建立选区时，可选用选项栏中的"添加到选区"或"从选区减去"方式多次选择，并选择"消除锯齿"复选框，以使建立的选区更加精细。

5）按〈Delete〉键，将选区内的图形删除，并使用"橡皮擦工具"将人物素材中多余的部分擦除，形成如图 2-56 所示的效果。

图 2-55　人物素材置入画布中

图 2-56　人物头像的选取

6）使用移动工具将人物头像选中，并拖动选框四周的矩形框将头像放大（按住〈Shift〉键可等比例放大），并进行小角度的逆时针旋转，效果如图 2-57 所示。

7）选择"模糊工具"，涂抹头像的边缘，将其边缘柔化，使其和背景很好地融合在一起，如图 2-58 所示。

图 2-57　头像调整后效果

图 2-58　模糊后的效果

8）将背景素材图片置入到画布中，并移动其位置，将其置于画布左下角，如图 2-59 所示。在"图层"面板中拖动背景素材图层，将其拖到"人物"图层的下方，如图 2-60 所示。

图 2-59　置入背景素材后效果

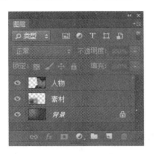

图 2-60　图层排列

9）选择文字工具，将字体设置为"黑体"，设置字号为 11 点，颜色为黑色，消除锯齿方法为"浑厚"，其他保持默认。在画布中的空白位置，先输入 4 行小的宣传文字，完成后单击选项栏右上角的对号（ ✓ ）确认文字的输入。接下来将字体改为 30 点，输入两行修饰用标题性文字，最后在下方输入制作人员，效果如图 2-61 所示。

10）画面中的标题性文字效果并不是很明显，为突出气标题地位，接下来将文字边缘进行白色描边。在 Photoshop 中，文字不能使用特殊效果，因此需要将其转化为普通图形。使用"移动工具"选中文字，执行"图层"→"栅格化"→"文字"命令，将文字进行转化。

11）最后执行"编辑"→"描边"命令，在弹出的对话框中将描边"宽度"设置为 2px，设置"颜色"为白色，"位置"为"居外"，如图 2-62 所示，单击"确定"按钮后，最终效果图如图 2-63 所示。

图 2-61　输入文字后的效果

图 2-62　"描边"对话框

图 2-63　人物宣传画效果图

2.3 小结

本章中主要介绍了 Photoshop 移动工具、选框工具、橡皮擦工具和放大镜等基本工具的简单使用方法。读者应通过本章的学习了解各工具的基本操作方法，掌握一定的操作技巧，对 Photoshop 的基本工具有一个整体性认识，为接下来的学习奠定基础。

2.4 项目作业

根据所提供的素材合成图像。

利用选区工具、橡皮擦工具和魔棒工具等将两幅图像（如图 2-64 所示）合成为一幅图像（如图 2-65 所示）。

a)   b)

图 2-64 素材图片

a）人物素材 b）美化素材

图 2-65 合成后的效果图

第3章 选区的调整与编辑

3.1 案例1：黄昏美景海报的制作

海报是一种信息传递艺术，是一种大众化的宣传工具。海报设计必须有相当的艺术感染力，通过调动形象、色彩、构图和形式感等因素形成强烈的视觉效果。接下来将通过设计制作黄昏美景海报的效果，讲解 Photoshop 规则选区工具的使用。案例中主要用到选框工具组、钢笔工具组和油漆桶等工具。案例效果如图 3-1 所示。

图 3-1 黄昏美景海报效果图

3.1.1 选框工具组

选框工具（▦）含有矩形选框工具、椭圆选框工具、单行选框工具及单列选框工具。在选框工具选项栏中依次是选区建立方式、羽化、消除锯齿、样式，以及宽度和高度等选项，如图 3-2 所示。各个选框工具的选项栏功能相似，但也各有千秋。

矩形选框工具

图 3-2 选框工具的选项栏

选区建立方式：包括新选区、添加到选区、从选区中减去、与选区交叉 4 个选项，它们的功能与魔棒工具中的选区建立方式功能相似。

"羽化"：此选框用于设置各选区的羽化属性。羽化选区可以模糊选区边缘的像素，产生过渡效果。羽化宽度越大，则选区的边缘越模糊，选区的直角部分也将变得圆滑，这种模糊会使选定范围边缘上的一些细节丢失。在"羽化"后面的文本框中可以输入羽化数值，设置选区的羽化功能（取值范围在 0 ～ 250 像素之间）。图 3-3 所示是使用 50 像素的羽化后建立选区并反选删除图像，可以看到边缘的模糊效果。

"消除锯齿"：选择该复选框后，将消除选区边缘锯齿，此选项在椭圆选框工具中才能使用。

"样式"：此选项用于设置各地区的形状。单击右侧的三角按钮，打开下拉列表框，可以选取不同的样式。其中，选择"正常"选项，可以创建不同大小和形状的选区；选择"固定长宽比"选项，可以设置选区宽度和高度之间的比例，并可在其右侧的"宽度"和"高度"文本框中输入具体的比例数值；若选择"固定大小"选项，表示将锁定选区的宽度与高度，并可在右侧的文本框中输入一个数值。

a)

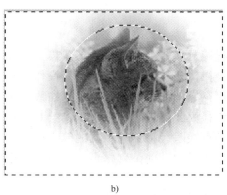
b)

图 3-3　羽化效果

a）使用羽化建立选区　b）反选后删除图像效果

利用矩形选框工具▨可以方便地在画布中绘制出长宽随意的矩形选区。操作时，只需在图像窗口中按下鼠标左键并拖动到合适大小，松开鼠标便可建立矩形选区。绘制时，按住〈Shift〉键可建立正方形选区。

利用椭圆形选框工具▨可以绘制出半径随意的椭圆形选区，按住〈Shift〉键可以绘制圆形选区。

利用单行选框工具▨可以在图像中绘制出高度为 1 像素的单行选区。

利用单列选框工具▨可以在图像中绘制出宽度为 1 像素的单列选区。

椭圆选框工具

3.1.2　钢笔工具组

钢笔工具（▨）工具组中从上到下分别为钢笔工具▨、自由钢笔工具▨、添加锚点工具▨、删除锚点工具▨和转换点工具▨，主要是用来绘制路径。

路径是由锚点组成的。锚点是定义路径中每条线段开始和结束的点，可以通过它们来固定路径。通过移动锚点，可以修改路径段，以及改变路径的形状。锚点分为直线点和曲线点，曲线点的两端有把手，可控制曲线的曲度。路径又分为开放路径（如波浪形）和封闭路径（如椭圆形）。路径只是起到参照的作用，主要用来生成选区，在发布的图片中是不会显示出来的。

单行单列
选框工具

钢笔工具组

在本案例中主要用到钢笔工具和转换点工具，钢笔工具组的复杂应用将在第6章中详细讲解。

1. 钢笔工具

"钢笔工具"的选项栏主要包括选择工具模式、路径操作工具等选项，如图3-4所示。

图3-4 "钢笔工具"的选项栏

选择工具模式：主要包括形状模式、路径模式和填充模式3种类型。

路径操作工具：主要包括路径操作、路径对齐方式和路径排列方式3个按钮工具。

使用钢笔工具可以绘制直线、曲线等不同形状的路径。在绘制路径时要在选择工具模式中选择路径模式，表示用钢笔工具绘制路径而不是创建图形或形状图层。

绘制直线时，将钢笔工具的笔尖放在要绘制直线的开始点，通过单击确定第一个锚点。移动钢笔工具到其他位置，再次单击，两个锚点之间就会以直线连接。按住〈Shift〉键可保证生成的直线是水平线、垂直线或为45°倍数角度的直线。继续单击可创建另外的直线段。最后添加的锚点总是一个实心的正方形，表示该锚点是被选中的。当继续添加更多的锚点时，先前确定的锚点变成空心的正方形，如图3-5所示。

要结束一条开放的路径，可按住〈Ctrl〉键并单击路径以外的任意处。要封闭一条路径，可将钢笔工具放在第一个锚点上，当放置正确时，在钢笔工具笔尖的右下角会出现一个小的圆圈，单击即可使路径封闭。

绘制曲线时，将钢笔工具的笔尖放在要绘制曲线的起始点。按住鼠标左键并进行拖曳操作（而不是像绘制直线点那样单击），此时钢笔工具变成箭头的图标，鼠标的落点成为曲线的起点，拖曳出来的方向线随鼠标的移动而移动。按住〈Shift〉键可保证方向线的角度是45°的倍数。释放鼠标即可形成第一个曲线锚点。将钢笔工具移动到另外的位置，按住鼠标左键并沿相反的方向拖曳鼠标，得到一段弧线，如图3-6所示。

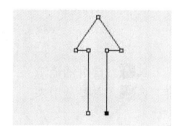

图3-5 绘制直线

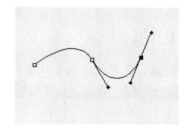

图3-6 绘制曲线

2. 转换点工具

转换点工具（⬧）是钢笔工具组中的最后一个工具。它能将路径上的描点性质相互转换，即将曲线点转换为直线点，将直线点转换为曲线点。使用转换点工具单击图3-5中顶端的点，拖动其控制手柄可改变路径形状，如图3-7所示。

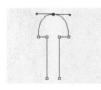

图 3-7　用转换点工具将箭头变成圆形

3.1.3　路径选择工具

路径选择工具（![]）包括路径选择工具![]和直接选择工具![]。可以直接用选择工具移动曲线来改变曲线的位置，也可以直接移动曲线锚点或方向线来改变曲线的位置和弧度。

若移动路径片段，则需选择路径选择工具![]，在曲线片段的一端单击，将锚点选中。然后按住〈Shift〉键在曲线片段另一端的锚点处单击，这样就可将固定曲线片段两端的锚点都选中，按住鼠标拖曳此曲线片段就可移动此片段，但不改变它的弧度。若要改变曲线弧度，可单击某一锚点，拖动锚点两侧的手柄即可。

若移动整个路径，则需要选择直接选择工具，在直线段上单击，然后按住鼠标左键并拖曳，即可改变直线段的位置。

3.1.4　油漆桶工具

油漆桶工具

油漆桶工具（![]）是渐变工具组中的一个工具。油漆桶工具可根据像素颜色的近似程度来填充颜色，填充的颜色为前景色或连续图案（油漆桶工具不能作用于位图模式的图像）。单击工具箱中的"油漆桶工具"按钮，就会出现"油漆桶工具"的选项栏，如图 3-8 所示。

图 3-8　"油漆桶工具"的选项栏

在"油漆桶工具"选项栏中主要包括"填充""模式""不透明度"和"容差"等选项。

"填充"：它有两个选项，即"前景"和"图案"。"前景"是指用前景色为填充色在各区域内进行填充。"图案"是指可以用指定的图像进行填充。

"模式"：在该选项中，选择不同的模式，并根据容差值，选择颜色相近的区域进行填充。其中比较典型的是"正片叠底"和"滤色"模式，"正片叠底"是将填充区域的颜色值和当前的填充色或图案的颜色值相乘再除以 255，也就是两个颜色相比较，颜色深的作为最终色。"滤色"模式是将两个颜色的值各减 255 得到的补色再相乘后除以 255，得到的颜色一般比较亮，如图 3-9 所示。

"不透明度"：在其后的数值输入框中输入数值，可以设置填充的不透明度。

"容差"：用来控制油漆桶工具每次填充的范围，可以输入 0 ～ 255 之间的数值，数字越大，允许填充的范围也越大。

"消除锯齿"：选择此复选框，可使填充的边缘保持平滑。

"连续的"：选择此复选框，填充的区域是和单击点相似并连续的部分；如果不选择此复选框，填充的区域是所有和单击点相似的像素，不管是否和单击点连续。

a)　　　　　　　　　　　　　　　　b)

图 3-9　填充效果

a）原始图像　b）填充后的效果

"所有图层"：选择该复选框，可以在所有可见图层内按以上设置填充颜色或图案。

3.1.5　案例实现过程

本案例讲解的是黄昏美景海报的设计制作方法，首先利用选框工具制作出彩虹效果，再利用钢笔工具和选框工具制作出图形，并添加小鸟使画面更有层次感。整个设计展现出晚霞斑斓的效果，从而使主体更加突出。本案例操作步骤如下。

案例：黄昏美景

1）启动 Photoshop，执行"文件"→"新建"命令，创建一个"国际标准纸张"A4 大小，分辨率为 300 像素/英寸的文档。执行"图像"→"图像旋转"→90°命令，使画布横向显示。

2）单击工具箱中的"渐变工具"按钮，设置其渐变颜色为浅蓝色（11faf6）到橘黄色（e15422）再到暗红色（511029）的线性渐变，从画布的上方向下方拖曳鼠标填充渐变，如图 3-10 所示。

3）打开"图层"面板，单击"图层"面板下方的"创建新图层"按钮，如图 3-11 所示，创建一个新的"图层 1"图层，按住鼠标左键双击"图层 1"并重命名为"彩虹"，如图 3-12 所示。接下来会将黄昏美景的每一部分都制作到一个新的图层，便于对各部分进行独立调整，不至于影响其他部分。单击工具箱中的"椭圆选框工具"按钮，在画布中绘制一个正圆选区，如图 3-13 所示。

图 3-10　填充渐变　　　　　　　图 3-11　新建图层

图 3-12 重命名图层

图 3-13 绘制选区

4）接下来制作彩虹。选择"彩虹"图层，使之处于选中状态，即该图层显示为蓝色，如图 3-14 所示。执行"编辑"→"描边"命令，弹出"描边"对话框，设置"宽度"为"80 像素"，"颜色"为深红色（a40000），选择"居中"单选按钮，如图 3-15 所示。

图 3-14 选中彩虹图层

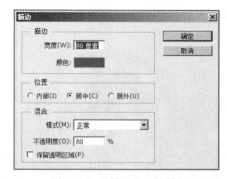

图 3-15 "描边"对话框

5）描边的各项参数设置完成后，单击"确定"按钮。选区的描边效果如图 3-16 所示。

6）执行"选择"→"修改"→"收缩"命令，弹出"收缩选区"对话框，设置"收缩量"为 80 像素，如图 3-17 所示。

图 3-16 描边效果

图 3-17 "收缩选区"对话框

7）重复步骤 4 和步骤 5 的操作，为选区添加 80 像素的橘黄色（f49800）描边，效果如图 3-18 所示。

8）用同样的方法先做"收缩"选区，然后分别将其描边，分别填充为浅黄色（fff562）和绿色（005627），按〈Ctrl + D〉组合键取消选区，效果如图 3-19 所示。

图 3-18 描边效果   图 3-19 收缩并填充选区

9）单击工具箱中的"矩形选框工具"按钮█，选中彩虹的下半部分，如图 3-20 所示。然后按〈Delete〉键将选中部分删除，按〈Ctrl + D〉组合键取消选区。删除后的彩虹比较大，因此使用"移动工具"对其大小进行调整，大小调整合适后，单击选项栏中的确认按钮，确认此次操作，并放置到画布的右下角，如图 3-21 所示。

图 3-20 制作矩形选区   图 3-21 删除并移动后效果

10）按〈Ctrl + J〉组合键，将修剪后的彩虹复制一份，然后使用"移动工具"将其缩小并移动到画布的左下角，如图 3-22 所示。

11）执行"文件"→"打开"命令，在弹出的对话框中找到"房子 . psd"和"墨迹. psd"文件。使用"移动工具"█将"房子"和"墨迹"文件都拖动到画布中，然后分别对其进行调整并放置到画布中合适的位置，如图 3-23 所示。

图 3-22 复制效果   图 3-23 添加图像并调整

12）在"图层"面板中，将刚添加的"墨迹"图层的"不透明度"设置为36%，效果如图3-24所示。

图3-24 降低不透明度后效果

13）采用步骤3的方法，创建一个新图层并重命名为"图形"。使该图层保持选中状态（即图层显示为蓝色），将前景色设置为黑色。单击工具箱中的"矩形选框工具"按钮，在画布中绘制矩形选区，如图3-25所示。使用"油漆桶工具"将选区填充为黑色（快捷键为〈Alt + Delete〉）。按〈Ctrl + D〉组合键取消选区，效果如图3-26所示。

图3-25 绘制矩形选区

图3-26 填充颜色

14）参照步骤13的方法，绘制多份其他高度和位置不同的图形，如图3-27所示。

15）创建一个新图层并重命名为"方块"。单击工具箱中的"矩形选框工具"按钮，在画布中绘制一个正方形选区，然后将其填充为红色（e60012），并放置到合适的位置，如图3-28所示。

图3-27 绘制图形多份

图3-28 绘制并填充红色方块

16）再次使用"矩形选框工具" 在画布中绘制一个正方形选区，然后将其填充为黑色（000000），如图3-29所示。

17）接下来制作其他方块。选择"方块"图层，使之处于选中状态，即该图层显示为蓝色，按住〈Alt〉键的同时按住鼠标左键并移动，复制多份，如图3-30所示。

图3-29　绘制并填充黑色方块

图3-30　复制方块

18）创建一个新图层并重命名为"三角形"，将其前景色设置为黑色。使用"钢笔工具" 绘制出三角形路径，如图3-31所示。本路径是一个闭合的路径，在绘制图中的锚点时，单击即可。

19）使用"路径选择工具" ，右击该路径，在弹出的快捷菜单中选择"建立选区"命令，将会弹出"建立选区"对话框，设置"羽化半径"为0，如图3-32所示，单击"确定"按钮。按〈Ctrl＋Shift＋I〉组合键反选选区，形成三角形的选区。将其前景色设置为黑色，使用"油漆桶工具"填充三角形选区。再次使用"钢笔工具" ，在画布中绘制一个三角形路径，然后将其转化为选区，使用吸管工具吸取图形中的红色，将其填充，如图3-33所示。

图3-31　绘制三角形路径

图3-32　"建立选区"对话框

20）接下来制作其他三角形。选择"三角形"图层，按住〈Alt〉键的同时按住鼠标左键并移动，复制多份，如图3-34所示。

图3-33　填充三角形

图3-34　复制多个三角形

21）执行"文件"→"打开"命令，在弹出的对话框中找到"小鸟.psd"文件。使用"移动工具" 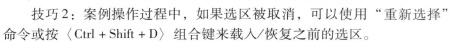将"小鸟"文件拖动到画布中，再调整其大小和位置。然后复制多份并缩小到合适的大小，放置到画布中合适的位置，最终得到如图3-1所示的效果。

3.1.6 应用技巧与案例拓展

案例：卡通
形象的绘制

1. 应用技巧

技巧1：复制技巧。复制时可以选中要复制的图层，并将其拖动到"图层"面板下方的"创建新图层"按钮上，即可快速完成复制。或者按住〈Ctrl + Alt〉组合键拖动鼠标可以复制当前层或选区内容。

技巧2：案例操作过程中，如果选区被取消，可以使用"重新选择"命令或按〈Ctrl + Shift + D〉组合键来载入/恢复之前的选区。

技巧3：案例中绘制的路径如果不取消显示，则始终显示在画面中，取消其显示有两种方法。一是单击"路径"面板中的空白处；二是按住〈Shift〉键并在"路径"面板的路径栏上单击，可切换路径是否显示。

技巧4：如果需要移动整条或多条路径，请选择所需移动的路径，然后按快捷键〈Ctrl + T〉，就可以拖动路径至任何位置。

技巧5：更改某一对话框的设置后，若要恢复为先前值，只要按住〈Alt〉键，"取消"按钮就会变成"复位"按钮，在"复位"按钮上单击即可。

2. 案例拓展

本节的拓展案例是卡通形象的绘制。本例使用选框工具绘制好卡通整体轮廓后，使用钢笔工具进行局部绘制，并用油漆桶工具填充相应的颜色。实现过程较为简单，但应注意如何将选框工具绘制的选区与钢笔绘制的路径选区相融合。本案例操作步骤如下。

1）启动Photoshop，执行"文件"→"新建"命令，创建一个宽为600像素，高为450像素，分辨率为72像素/英寸的文档。

2）单击工具箱中的选框工具组，选择"椭圆选框工具" ，在选项栏中单击"新选区"按钮 ，绘制圆形选区，如图3-35所示，绘制的区域为卡通形象的脸部外形。

3）选择"图层"面板，单击"图层"面板下方的"创建新图层"按钮 ，创建一个新的图层"图层1"，以将绘制的卡通形象外形绘制在该图层中，接下来会将卡通形象的每一部分都绘制到一个新的图层，便于对各部分进行独立调整。当对某一部分进行调整时，不至于影响其他部分。

4）选择"图层1"图层，使之处于选中状态，即该图层显示为蓝色，如图3-36所示。

图3-35　脸部轮廓区域的绘制

图3-36　"图层"面板

接下来设置前景色为浅黄色（fed09d），使用"油漆桶工具"将选区填充为浅黄色（快捷键为〈Alt + Delete〉）。

5）接下来执行"编辑"→"描边"命令对选区的边缘进行描边，在弹出的对话框中设置宽度为 2 像素，颜色为黑色，位置为"居外"，其他保持默认设置，如图 3-37 所示。按〈Ctrl + D〉组合键取消选区，图像效果如图 3-38 所示。

图 3-37 "描边"对话框

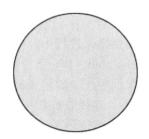

图 3-38 脸部选区绘制效果

6）继续选择"椭圆选框工具" ，在画布中绘制一个椭圆选区。执行"选择"→"变换选区"命令，这时在选区的四周会出现用于调整选区角度和大小的矩形，将鼠标放置在右上角矩形的外侧，拖动鼠标对选区进行旋转及大小的调整，效果如图 3-39 所示，按〈Enter〉组合键确认此次操作。

7）采用步骤 3 的方式，新建一个图层"图层 2"，使该图层保持选中状态（即图层显示为蓝色），设置前景色为浅黄色（fed09d），使用"油漆桶工具"填充选区，并采用步骤 5 的方式对选区进行描边操作。选中"图层 2"图层，将其拖动至"图层 1"图层的下方，形成耳朵的效果，如图 3-40 所示。

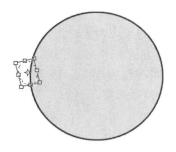

图 3-39 脸部轮廓填充后效果

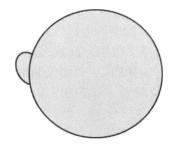

图 3-40 左侧耳朵效果

8）参照步骤 6 和步骤 7 的方式，将右侧的耳朵绘制出来，如图 3-41 所示。注意，绘制的右侧耳朵所在的图层应放置在"图层 1"图层的下方。

9）创建一个新图层"图层 4"，选择"椭圆选框工具" ，在画布中绘制一个小椭圆选区，并执行"编辑"→"描边"命令，对选区进行黑色、2 像素的"居外"描边，按〈Ctrl + D〉组合键取消选区，效果如图 3-42 所示。

46

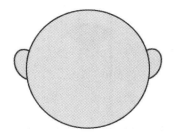
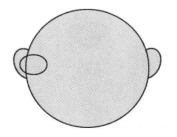

图 3-41　耳朵整体效果　　　　　　图 3-42　耳朵内轮廓区域

10）使用"橡皮擦工具"将小椭圆选区的右侧擦除，并使用"移动工具" ![move] 对擦除后的图像进行角度、大小和位置的调整，最后将图像放置在耳朵内，形成耳廓的形状，如图 3-43 所示。参照步骤 9 和步骤 10 的方式，绘制出右侧的耳廓形状，如图 3-44 所示。

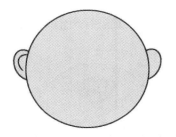
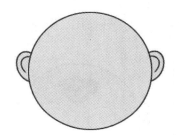

图 3-43　耳廓的绘制　　　　　　图 3-44　眼耳廓的形状

11）使用"钢笔工具" ![pen] 绘制出额头头发的轮廓路径，如图 3-45 所示。本路径是一条闭合的路径，在绘制图中上方的锚点时，拖动鼠标（不要松开）形成曲线。如果曲线效果不完美，使用路径选择工具单击描点，使描边两侧的手柄显示出来，接下来拖曳描点两侧的手柄进行路径曲线调整，直至调整到合适的位置。路径中的其他锚点可以是直线点。

12）使用路径选择工具 ![select]，右击该路径，在弹出的快捷菜单中选择"建立选区"命令，将会弹出"建立选区"对话框，设置"羽化半径"为 0，单击"确定"按钮，形成头发的选区，如图 3-46 所示。

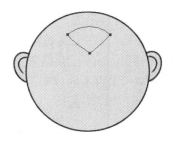
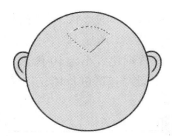

图 3-45　头发路径　　　　　　图 3-46　建立的头发选区

13）新建一个图层"图层 6"，设置前景色为黑色，使用"油漆桶工具"将头发选区填充到该图层中，效果如图 3-47 所示。

14）接下来绘制眼睛效果。继续选择"椭圆选框工具"，在选项栏中单击"添加到选区"按钮 ![add]，绘制眼睛的圆形选区，如图 3-48 所示。

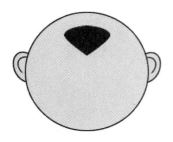

图 3-47　额头头发效果　　　　　　　图 3-48　眼睛选区

15）新建一个图层"图层 7"，设置前景色为白色，将选区填充到本图层中。接下来执行"编辑"→"描边"命令，对选区进行大小为 2 像素、黑色、"居外"的描边，效果如图 3-49 所示。

16）新建一个图层"图层 8"，使用"椭圆选框工具"将眼球绘制出来，使用"油漆桶工具"进行黑色填充。并使用"移动工具"对其大小及位置进行调整，形成如图 3-50 所示的效果。

图 3-49　眼睛轮廓效果　　　　　　　图 3-50　眼球效果

17）新建一个图层"图层 9"，使用"椭圆选框工具"绘制两个和眼睛大小相近的选区，参照步骤 15 的方式进行描边。利用"橡皮擦工具" 🖊 将图形的下方擦除，并使用"移动工具"对其位置进行调整，最终形成眉毛的效果。继续使用这种方式绘制出鼻子的效果，如图 3-51 所示。

18）新建一个图层"图层 10"，使用"椭圆选框工具"，在选项栏中单击"从选区中减去"按钮 🔲，绘制出嘴部的形状，并按照步骤 15 的方式进行描边，效果如图 3-52 所示。

19）新建一个图层"图层 11"，使用"椭圆选框工具"，在工具选项栏中单击"添加到选区"按钮 🔲，设置羽化大小为 10 像素，绘制腮部的圆形选区，并设置前景色为红色，按〈Alt + Delete〉组合键对选区进行填充，最终得到如图 3-53 所示的效果。

图 3-51　眉毛和鼻子效果　　　　图 3-52　嘴巴效果　　　　图 3-53　卡通形象绘制效果图

3.2 案例2：杂志内页展示效果的制作

杂志的设计是平面设计的一个重要方面，为了对杂志的宣传推广起到较好的效果，需要制作一些杂志展示页面进行宣传。本案例通过杂志内页展示效果的制作来讲解如何使用套索、颜色减淡等基本工具。案例效果如图3-54所示。

图3-54　案例效果图

3.2.1 套索工具组

套索工具组中主要包含套索工具、多边形套索工具和磁性套索工具，它们也是经常用到的建立选区的工具，可以用来制作折线轮廓选区或者不规则图像选区。

套索工具组

1. 套索工具

使用套索工具（　）可以在图像中获取自由区域，主要采用手绘的方式实现。它的随意性很大，要求对鼠标指针有较好的控制能力，因为它勾画的是任意形状的选区，如果想勾画出精确的选区，则不宜使用此工具。"套索工具"的选项栏主要包括建立选区的方式、羽化和消除锯齿等选项，各选项的含义与"矩形选框工具"的选项栏中相应选项的含义一致。

套索工具的操作方法是按住鼠标左键并拖曳，随着鼠标的移动可形成任意形状的选择范围，松开鼠标后就会自动形成封闭的浮动选区，如图3-55所示（在选项栏中设置为"羽化"为20像素）。

若要利用套索工具绘制直线边框的选区，或者在绘制的过程中实现手绘与直边线段之间切换，需要按住〈Alt〉键，单击起始位置和终止位置。要删除最近绘制的直线段，直接按〈Delete〉键。要闭合选区，需要在未按住〈Alt〉键时松开鼠标。

2. 多边形套索工具

多边形套索工具（　）主要用来绘制边框为直线型的多边形选区。其选项栏与套索工具一致。

多边形
套索工具

操作方法是在形成直线的起点单击，移动鼠标，拖出直线，在此条直线结束的位置再次单击，两个击点之间就会形成直线，以此类推。当终点和起点重合时，工具图标的右下角会有圆圈出现，单击即可形成完整的选区。如果终点与起点未重合，想完成该选区的创建，需要双击完成或者按住〈Ctrl〉键并单击完成。多边形选区如图 3-56 所示。

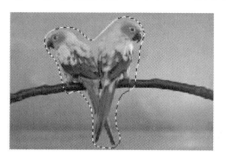

图 3-55　套索工具的使用

图 3-56　多边形套索工具的使用

在绘制过程中按住〈Shift〉键可绘制角度为 45°倍数的直线，若要绘制的线条为手绘形状，需要按住〈Alt〉键，即在绘制的过程中完成套索工具与多边形套索工具之间的切换。要删掉最近绘制的线段，直接按〈Delete〉键即可。

3. 磁性套索工具

磁性套索工具（  ）是一种自动选择边缘的套索工具，适用于快速选择与背景对比强烈且边缘复杂的对象。使用磁性套索工具时，会分离前景和背景，在前景图像边缘上设置节点，直到形成选择域。当所选轮廓与背景有明显的对比时，磁性套索工具可以自动地分辨出图像上物体的轮廓而加以选择。磁性套索工具能自动地选择出轮廓，是因为它可以判断颜色的对比度，当颜色对比度的数值在它的判断范围以内时，可以轻松地选中轮廓；而当轮廓与背景颜色接近时，则不宜使用。

磁性套索工具

"磁性套索工具"的选项栏除了选区建立方式、羽化和消除锯齿外（作用与选框工具中的相应选项一致），还有一些套索工具所没有的选项，如宽度、对比度和频率等，如图 3-57 所示。

图 3-57　"磁性套索工具"的选项栏

"宽度"：当要指定检测宽度时，可在"宽度"文本框中输入像素值，磁性套索工具只检测从指针开始指定宽度距离以内的边缘。数字框中的数字范围是 1 ～ 40 像素，例如，输入数字 10，再移动鼠标时，磁性套索工具寻找 10 个像素距离之内的物体边缘。数字越大，寻找的范围也越大，可能会导致边缘的不准确。

"对比度"：指定套索对图像边缘的灵敏度。在对比度中输入一个介于 1% ～ 100% 之间的值。较高的数值将只检测与其周边对比鲜明的边缘，较低的数值将检测低对比度边缘。

"频率"：指定套索以什么频度设置固定点。可以在"频率"文本框中输入 0 ～ 100 之间的数值。较高的数值会更快地固定选区边框。

"钢笔压力"：位于"频率"选项后面。如果要使用钢笔绘图板，选择该选项，表示增大钢笔压力，这将导致边缘宽度减小。

在边缘精确定义的图像上，可以使用更大的宽度和更高的边像对比度，然后大致地跟踪边缘。在边缘较柔和的图像上，尝试使用较小的宽度和较低的边像对比度，然后更精确地跟踪边像。

设定好各项数值后，可按照下列步骤确定选择范围。

1）选择"磁性套索工具"，根据图像的情况，在"磁性套索工具"的选项栏中进行设定，将光标移动到图像边缘的某一部位，单击确定起始点，然后沿着图像边缘拖动鼠标（不用按住鼠标），会自动增加固定点，如图3-58所示。

2）在拖动鼠标的过程中，如果边框没有与所需的边缘对齐，则单击一次以手动添加一个固定点。继续跟踪边缘，并根据需要添加固定点。

3）如果要删除刚绘制的固定点和路径片段，可直接按〈Delete〉键。

4）若要结束当前的路径，可双击鼠标，终点和起点会自动连接起来，以形成封闭的选区，如图3-59所示。

图3-58　磁性套索工具的使用

图3-59　用磁性套索工具建立选区

5）若要以直线点封闭选择区域，请按住〈Alt〉键并双击。

6）在使用磁性套索工具的过程中，若要改变套索宽度，可按键盘上的〈［〉键和〈］〉键，每按一次〈［〉键，可将宽度减少1个像素，每按一次〈］〉键，可将宽度增加1个像素。

3.2.2　"色彩范围"命令

色彩范围

"色彩范围"命令位于"选择"菜单下，其作用是选择现有选区或整个图像内指定的颜色或色彩范围，或者说是按照指定的颜色或颜色范围来创建选区，主要用来创建不规则选区。它像一个功能强大的魔棒工具，除了以颜色差别来确定选取范围外，还综合了选择区域的相加、相减、相似命令，以及根据基准色选择等多项功能。

在打开的图像文件中，执行"选择"→"色彩范围"命令，将弹出"色彩范围"对话框，如图3-60所示。

"选择"：用于选择颜色或色调范围，但是不能调整选区。默认为"取样颜色"，即自行选取颜色。如果要在图像中选取多个颜色范围，则选择"本地化颜色簇"复选框，以构建更加精确的选区。

"颜色容差"：拖动滑块或输入一个数值来调整选定颜色的范围。"颜色容差"设置可以控制选择范围内色彩范围的广度，并增加或减少部分选定像素的数量。设置较低的"颜色

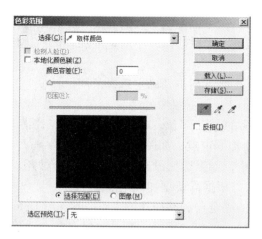

图 3-60　色彩范围对话框

容差"值可以限制色彩范围，设置较高的"颜色容差"值可以增大色彩范围。

　　"范围"：如果已选择"本地化颜色簇"复选框，则使用"范围"滑块以控制要包含在蒙版中的颜色与取样点的最大和最小距离。例如，图像在前景和背景中都包含一束紫色的花，但只想选择前景中的花。对前景中的花进行颜色取样，并缩小范围，以避免选中背景中有相似颜色的花。

　　选择显示选项：在对话框的中心黑色位置为图像预视区。当鼠标光标离开该对话框后，鼠标变成了吸管形状，单击画布中图像的某一种颜色，表示可以吸取该颜色，即选择了颜色的范围。

　　当选择下面的"选择范围"单选按钮时，默认情况下，白色区域是选定的像素，黑色区域是未选定的像素，而灰色区域则是部分选定的像素，如图 3-61 所示。

　　选择"图像"单选按钮，表示预览整个图像，如图 3-62 所示。单击"确定"按钮，即可看到图像中的沿着紫色花朵的选区被建立，如图 3-63 所示。

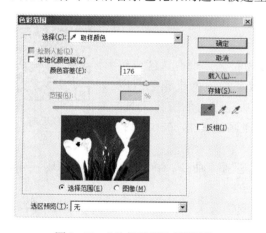

图 3-61　"选择范围"预视图

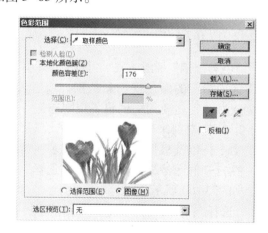

图 3-62　"图像"预视图

　　吸管工具组：在对话框的右侧有 3 种吸管工具（　　　　），第一个为"吸管工具"，主要用来吸取一次颜色。第二个为"添加到取样"工具，作用是保留原先的取样颜色，继续

52

增加新的取样颜色，如图 3-64 所示，好比是增加选区功能，效果如图 3-65 所示。第三个"从取样中减去"，表示将新吸取的颜色的选区从原先选区中减掉。

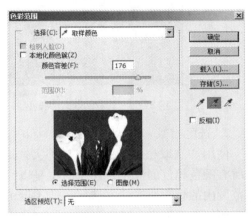

图 3-63　使用色彩范围建立选区　　　　　　图 3-64　"添加到取样"工具的使用

图 3-65　用"添加到取样"工具创建新选区

3.2.3　选区的修改

选区修改除了选区工具选项栏中的添加到选区、从选区中减去、与选区交叉等功能外，还包括扩大选区、选区相似和修改选区等方面。

1. 扩大选区

该命令位于"选择"菜单下，其主要功能是以包含所有位于"魔棒工具"选项栏中指定的容差范围内的相邻像素建立选区。

其操作方式为，先在图像中确定一个小块选区，如图 3-66 所示，根据需要设置"魔棒工具"的容差范围，然后再执行"选择"→"扩大选区"命令，即可创建相应的选区，如图 3-67 所示。

扩大选区

图 3-66　建立一个小块选区　　　　图 3-67　"扩大选区"后的效果

2. 选区相似

使用"选取相似"命令也是扩大选取的一种方法，它针对的是图像中所有颜色相近的像素，使用时也是以"魔棒工具"选项栏中指定的容差范围内的相邻像素建立选区，所不同的是"扩大选区"创建的是与原选区相邻的选区。而"选区相似"则可以创建不连续的选区。

选区相似

3. 变换选区

"变换选区"命令可以对已建立的选区进行任意的变形，其方法是执行"选择"→"变换选区"命令。当使用该命令时，在选区的四周会出现带矩形框的边框，拖动矩形框可以任意调整选区的形状，如图 3-68 所示。

此时，可以单击选项栏右上角的"在自由变换和变形模式下切换（⊞）"按钮，对选区自由变形。使用鼠标拖动变形框内的任一点都可以调整选区的形状，拖动灰色实心点可以调整选区的弧度。这一功能和"自由变换"功能类似，不同的是此处调整的是选区的形状，而自由变换调整的是图像的形状，如图 3-69 所示。

 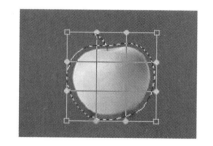

图 3-68　选区的变换　　　　图 3-69　变形模式

4. 修改选区

当选区建立好以后，通过修改命令可以对选区做一些调整。修改选区的命令仍然位于"选择"菜单下，包括"边界""平滑""扩展""收缩"和"羽化"。

修改选区

"边界"：可设置在现有选区边界的内部和外部的像素的宽度。新选区将为原始选定区域创建框架，此框架位于原始选区边界的中间。例如，若将边框宽度设置为 20 像素，则会创建一个新的柔和边缘选区，该选区将在原始选区边界的内外分别扩展 10 像素，如图 3-70所示。

"扩展"/"收缩"：按特定数量的像素扩展或收缩选区，如图 3-71 所示。

图 3-70　"边界"选区效果　　　　　图 3-71　"扩展"选区效果

"平滑"：主要用来清除基于颜色选区中的杂散像素，整体效果是将减少选区中的斑迹，以及平滑尖角和锯齿线。

"羽化"：为现有选区定义羽化边缘，如果选区小而羽化半径大，则小选区可能变得非常模糊，以至于看不到并因此不可选。

3.2.4　案例实现过程

案例：杂志
书页

杂志和画册书页设计在生活中会经常遇到，本案例设计的是为已设计好的书页做一个展示效果。具体操作步骤如下。

1）在 Photoshop 中打开"杂志素材"图片，并双击"图层"面板中素材所在的背景图层，在弹出的对话框中单击"确定"，将素材的背景图层转化为"普通"图层。使用"裁剪工具"对杂志素材进行裁剪，裁掉边缘的白边。

2）执行"文件"→"置入"命令，将"书页素材"图片置入到画布中，在"图层"面板中右击"书页素材"图层，在弹出的快捷菜单中选择"栅格化图层"命令，将该图层变为普通图层。

3）使用"移动工具"选择"书页素材"图片，执行"编辑"→"自由变换"命令，对图像角度进行调整，使之与书页的角度一致，并拖动边框上的正方形框调整其大小，使其正好覆盖住书页，如图 3-72 所示。在未确认此次操作之前单击选项栏右侧的"在自由变换和变形模式下切换"按钮（或者执行"编辑"→"变换"→"变形"命令），使图像处于变形模式，以便调整图像的形状。

4）使用移动工具移动图像的 4 个角，以及每个角上的手柄，以调整图像的形状，使其形状大致符合画册整体页面的形状，如图 3-73 所示，双击图片确认此次操作。

图 3-72　自由变换后的效果　　　　　图 3-73　变形后的效果

5）单击"图层"面板中的"书页素材"图层前面的眼睛图标，使之消失，让书页素材隐藏起来。并选择书页（"杂志素材"图片）所在的图层，使之处于蓝色的选中状态。

6）选择"磁性套所工具"，设置羽化效果为 0 像素，沿着书页的形状建立闭合选区，如图 3-74 所示。在使用套索工具时，可在无法自动精确建立固定点的位置手动单击建立固定点。

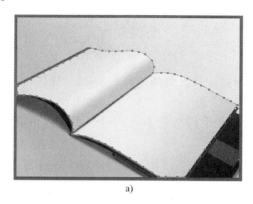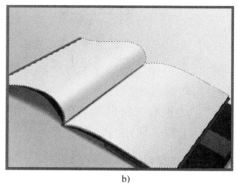

a)   b)

图 3-74 利用"磁性套索工具"建立选区
a）磁性套索工具建立的锚点 b）建立的选区效果

7）单击"图层"面板中的"书页素材"图层前面的眼睛图标，使之显示出来，并选择该图层，使之处于选中的蓝色状态，如图 3-75 所示。

8）执行"选择"→"反选"命令，对书页素材图层进行反选，并按〈Delete〉键将选区内的图像删除，效果如图 3-76 所示。

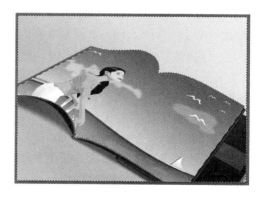

图3-75 选中的书页素材图层图   图 3-76 反选并删除后的效果

9）按〈Ctrl + D〉组合键取消选区。在"图层"面板中设置图层混合模式，为"正片叠底"，如图 3-77 所示，使图像与背景图层的书页混合在一起，如图 3-78 所示。

10）书页的效果已合成完毕，需要加一些装饰以起到更好的宣传效果。在 Photoshop 中打开"花"素材文件，使用"魔棒工具"选择花的背景部分，执行"选择"→"反向"命令（快捷键为〈Ctrl + Shift + I〉）反选选中花素材，并拖动到本案例的文件中。利用自由变换工具调整其大小，将其摆放到合适的位置，如图 3-79 所示。

图 3-77　正片叠底的设置　　　　　　　图 3-78　正片叠底后效果

11）在 Photoshop 中打开"蝴蝶"素材文件，使用"魔棒工具"选择蝴蝶的背景部分，执行"选择"→"反向"命令（快捷键为〈Ctrl + Shift + I〉）反选选中蝴蝶素材，并拖动到本案例的文件中。利用自由变换工具调整其大小，将其摆放到合适的位置，如图 3-80 所示。

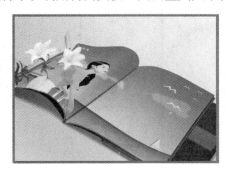
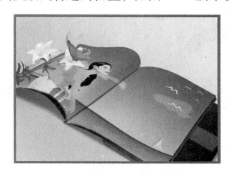

图 3-79　花摆放效果　　　　　　　　　图 3-80　蝴蝶放置效果

12）在 Photoshop 中打开"文字"素材，双击文字所在的图层，并确定将其转化为普通图层。执行"选择"→"色彩范围"命令，在弹出的对话框中设置"颜色容差"为 63，并用吸管工具吸取画布中的白色，如图 3-81 所示，目的是使文字能够被更加精确地选择，单击"确定"按钮后，会发现画布中的白色全部被选中并建立了选区。经放大后检查，文字的边缘选择比较精确，如图 3-82 所示。

图 3-81　"色彩范围"对话框　　　　　　图 3-82　为"文字"文件建立选区

13）执行"选择"→"反选"命令，在文字的周围建立选区，使用"移动工具"选择文字并拖动到案例文件中，使用自由变换工具调整其角度，并把它放到书页的右下角位置，如图 3-83 所示。

14）接下来新建一个图层，绘制一个印章效果。利用矩形选框工具绘制一个矩形选区，将其填充为深红色（7b0101）。取消选区，利用橡皮擦工具将其擦成印章形状，并调整其角度及大小，摆放到文字的下方。利用文字工具添加黑体白色文字"人和"，利用自由变换工具调整其角度及大小，并放置在红色印章的上方，如图 3-84 所示，最终形成如图 3-54 所示的效果。

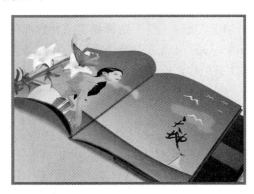 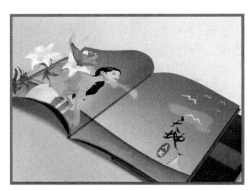

图 3-83　添加文字后的效果　　　　　　　图 3-84　放置印章及文字后的效果

3.2.5　应用技巧与案例拓展

1. 应用技巧

技巧 1：如果忘记了取消选区的快捷键，可以执行"选择"→"取消选择"命令取消选区，如果使用的是矩形选框工具、椭圆选框工具或套索工具，请在图像中单击选定区域外的任何位置取消选区，但前提是选区创建模式为"新选区"。

技巧 2：在使用"颜色范围"命令时，要临时启动加色吸管工具，请按住〈Shift〉键。按住〈Alt〉键可启动减色吸管工具。

技巧 3：拖动选区内的任何区域，可以移动选区，或将选区边框局部移动到画布边界之外。当将选区边框拖动回来时，原来的选区以原样再现。还可以将选区边框拖动到另一个图像窗口。

技巧 4：隐藏或显示选区。执行"视图"→"显示"→"选区边缘"命令，将切换选区边缘的视图并且只影响当前选区。在建立另一个选区时，选区边框将重现。

2. 案例拓展

在矩形选框工具组、套索工具组及魔棒工具等选区工具的选项栏中，最后一项都是"调整边缘"选项。该选项可以提高选区边缘的品质，从而以不同的背景查看选区，便于编辑。还可以使用"调整边缘"选项来调整图层蒙版，此选项在做精细选区时应用非常广泛。如果在案例中用到的素材边缘非常粗糙，如头发、毛发等的边缘，即可应用此选项。

在 Photoshop 中打开"小狗"素材图片，在打开的图中可以看见小狗图像的边缘由于毛发的原因显得非常乱，接下来就利用"调整边缘"工具将其清晰地选取出来。

1）首先利用"套索工具"绕图像绘制一个粗糙选区，如图3-85所示。这时单击选项栏中的"调整边缘"选项，会弹出"调整边缘"对话框。对话框主要分为"视图模式""边缘检测""调整边缘"和"输出"四个部分。

"视图模式"：从"视图"下拉列表框中选择一个模式，以更改选区的显示方式。若想查看某种模式的信息，请将指针悬停在该模式上，直至出现工具提示。选择"显示原稿"复选框，将显示原始选区以进行比较。选择"显示半径"复选框，将在发生边缘调整的位置显示选区边框，如图3-86所示。

图3-85　套索工具勾画选区

图3-86　"视图模式"与"边缘检测"选项组

调整半径工具（　）和抹除调整工具（　）：使用这两种工具可以精确调整发生边缘调整的边界区域。通过使用调整半径工具刷过柔化区域（如头发或毛皮）以向选区中加入精妙的细节。抹除调整工具可以还原通过调整半径工具调整的部分。

"边缘检测"：用于检测所选择图像的边缘，使其变得精细或粗糙。选择"智能半径"复选框可以自动调整边界区域中发现的硬边缘和柔化边缘的半径。如果边框一律是硬边缘或柔化边缘，或者要控制半径设置并且更精确地调整画笔，则取消选择此复选框。"半径"选项可以确定发生边缘调整的选区边界的大小，对锐边使用较小的半径，对较柔和的边缘则使用较大的半径。

"调整边缘"：可以对图像选区的边缘做一些细节的调整，如图3-87所示。"平滑"选项指减少选区边界中的不规则区域（"山峰和低谷"）以创建较平滑的轮廓；"羽化"选项指模糊选区与周围的像素之间的过渡效果；"对比度"选项增大时，沿选区边框的柔和边缘的过渡会变得不连贯，通常情况下，使用"智能半径"复选框和调整工具效果会更好；"移动边缘"选项为负值时向内移动柔化边缘的边框，为正值时则向外移动这些边框。向内移动这些边框有助于从选区边缘移去不想要的背景颜色。

"输出"：选择"净化颜色"复选框，可以将彩色边替换为附近完全选中的像素的颜色，如图3-88所示。颜色替换的强度与选区边缘的软化度是成比例的。由于此选项更改了像素颜色，因此它需要输出到新图层或文档，而保留原始图层，这样就可以在需要时恢复到原始状态；"数量"选项用来更改净化和彩色边替换的程度；"输出到"选项决定着调整后的选区是变为当前图层上的选区或蒙版，还是生成一个新图层或文档。

2）在"调整边缘"对话框中选择"边缘检测"选项组中的"智能半径"复选框，并设置"半径"为100像素，设置图层混合模式为"叠加"，这时可以看到画布中图像被选择了出来。继续使用"调整半径工具"，将图像中边缘部分尚不清晰的地方涂抹掉，形成如图3-89所示的效果。再经过"色彩范围"等工具稍加调整后即可看见其边缘清晰的效果，如图 3-90 所示。

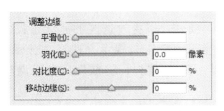

图 3-87　"调整边缘"选项组

图 3-88　"输出"选项组

图 3-89　"调整边缘"后的效果

图 3-90　"调整边缘"后的局部效果

3.3　小结

图像选取是进行图像处理的基础，本章主要介绍了如何利用 Photoshop 中的基本工具建立选区、对选区进行调整和修改，以及创建不规则选区等知识。另外，对于色彩范围、调整边缘等工具也进行了详细介绍。选区的建立还有很多方式，将在今后陆续介绍。要想很好地掌握这些工具及技巧，需要不断地加强练习。

3.4　项目作业

利用选区工具、自由变换工具和文字等工具，以"生活"为主题，自选图像素材，参照图 3-91 所示的效果自行设计一个画册页面。

图 3-91　画册页面效果

第4章 图层与图层样式

4.1 案例1：翡翠玉镯的制作

图像都是基于图层进行处理的，图层就是图像的层次，可以将一幅作品分解成多个元素，即每一个元素都由一个图层进行管理。本节通过图层与图层样式的学习来完成翡翠玉镯的制作，如图4-1所示。

图4-1 翡翠玉镯的效果展示

4.1.1 图层概述

所谓图层，就好比一层透明的玻璃纸，透过这层纸，可以看到纸后面的东西，而且无论在这层纸上如何涂画都不会影响其他层的内容。

现在打开一个Photoshop合成的图像"风景画.psd"，如图4-2所示，通过"图层"面板来认识一下图层及"风景画.psd"相应的结构，如图4-3所示。

下面来介绍图4-3中"图层"面板的功能。

图层的混合模式 穿透 ：用于设置图层的混合模式。

图层锁定 ：分别表示锁定透明像素、锁定图像像素、锁定位置和锁定全部。

图层可见性 ：表示图层的显示与隐藏。

链接图层 ：表示多个图层的链接。

图层样式 ：用于设置图层的各种效果。

图层蒙版 ：用于创建蒙版图层。

填充或者调整图层 ：用于创建新的填充或者调整图层。

创建新组 ：用于创建图层文件组。

图4-2　Photoshop作品"风景画.psd"　　　　　图4-3　"图层"面板

创建新图层：用于创建新的图层。

删除图层：用于删除图层。

常见的图层主要有背景图层、普通图层、文本图层、调整图层、形状图层、图层组和智能对象图层。通过"图层"菜单可以实现选择图层、合并图层、调整顺序和创建智能图层等操作。在"图层"菜单中聚集了所有关于图层创建和编辑的命令操作，而在"图层"的面板菜单中包含了最常用的操作命令。

除了这两个关于图层的菜单外，还可以在选择"选择工具"的前提下，在文档中右击，通过弹出的快捷菜单，根据需要选择所要编辑的图层。另外，在"图层"面板中右击，也可以打开关于编辑图层和设置图层的快捷菜单，使用这些快捷菜单，可以快速、准确地完成图层操作，以提高工作效率。

4.1.2　图层的基本应用

了解了图层之后，下面来学习在"图层"面板中都可以实现哪些操作。在Photoshop中，许多编辑操作都是基于图层进行的。只有了解更多的图层编辑方法后，才可以更加自如地编辑图像。

图层的基本
操作

1.移动图层

在平面设计过程中，一个综合性的作品往往是由多个图层组成的，通过选择"图层"面板中的某个图层，可以移动、复制和删除图层内容，以达到控制图像内容的目的。

使用"移动工具"可以移动当前的图层，如果当前的图层中包含选区，则可移动选区内的图像。在该工具的选项栏中可以设置以下属性。

"自动选择图层"：选择该复选框后，单击图像即可自动选择光标下所有图层中包含的像素，该项功能对于选择具有清晰边界的图形较为灵活，但在选择设置了羽化的半透明图像时却很难发挥作用。

"自动选择组"：选择了该选项后，单击图像可选择选中图层所在的图层组。

"显示变换控件"：选择该复选框后，可选中的项目周围的定界框上将会显示手柄，可以直接拖动手柄缩放图像，如图4-4所示。

2. 复制图层

通过复制图层，可以创建当前图像的副本。复制图层可以用来加强图像效果，如图4-5所示，同时也可以起到保护源图像的作用。复制图层的方法有以下几种。

图4-4　选择"显示变换控件"复选框后　　　　图4-5　复制图层

- 选择要复制的图层，然后执行"图层"→"复制图层"命令，在弹出的"复制图层"对话框中输入该图层名称。
- 选择要复制的图层，用鼠标将该图层拖动到"图层"面板下方的"创建新图层"按钮 上即可。
- 按快捷键〈Ctrl + J〉，执行"通过拷贝的图层"命令。
- 选择"移动工具" 的同时按住〈Alt〉键并拖动，即可复制选择的图层。

3. 删除图层

将没有用的图层删除，可以有效地减小文件的大小。选择要删除的图层，单击"图层"面板下方的"删除图层"按钮 即可（或将图层拖动到该按钮上）。

4. 调整图层的顺序

在编辑多个图像时，图层的顺序排列也很重要。上面图层的不透明区域可以覆盖下面图层的图像内容。如果要显示覆盖的内容，需要对该图层的顺序进行调整。调整图层顺序的方法有以下几种。

- 选择要调整顺序的图层，执行"图层"→"排列"→"前移一层"命令（快捷键为〈Ctrl +]〉），该图层就可以上移一层，如图4-6所示。要将图层下移一层，执行"图层"→"排列"→"后移一层"命令（快捷键为〈Ctrl + [〉）。

图4-6　将图层前移一层

- 选择要调整顺序的图层，同时拖动鼠标到目标图层上方，然后释放鼠标，即可调整该图层顺序。
- 如果需要将某个图层置顶，按快捷键〈Ctrl + Shift +]〉；如果需要将某个图层置底，按快捷键〈Ctrl + Shift + [〉即可。

5. 锁定图层内容

在"图层"面板的顶端有4个可以锁定图层的按钮，如图4-7所示，使用不同的按钮锁定图层后，可以保护图层的透明区域、图像的像素或位置不会因为误操作而改变。用户可以根据实际需要锁定图层的不同属性。下面分别介绍各个按钮的作用。

图 4-7　锁定图层按钮

锁定透明像素▨：单击该按钮后，可将编辑范围限制在图层的不透明部分。

锁定图像像素✐：单击该按钮后，可防止使用绘画修改该图层的像素，只能对图层进行移动和交换操作，而不能对其进行绘画、擦除或应用滤镜。

锁定位置✛：单击该按钮后，可防止图层被移动。对于设置了精确位置的图像，将其锁定后就不必担心被意外移动了。

锁定全部🔒：单击该按钮后，可锁定以上全部选项。当图层被完全锁定时，"图层"面板中的锁状图标显示为实心的；当图层被部分锁定时，锁状图标是空心的。

6. 链接图层

通过图层的链接功能可以方便地移动多个图层图像，同时对多个图层中的图像进行变换操作，比如移动、旋转和缩放，从而可以轻松地对多个图层进行编辑。

要链接多个图层，可以按住〈Ctrl〉键并选择"图层"面板中的相关图层，然后单击"图层"面板下方的"链接图层"按钮🔗，即可将所有选中的图层链接起来，如图 4-8 所示。

图 4-8　链接图层

7. 合并图层

在一幅复杂的图像中，通常有成百上千个图层，图像文件所占用的磁盘空间也相当庞大。此时，如果要减少文件所占用的磁盘空间，可以将一些不必要的图层合并。同时，合并图层还可以提高文件的操作速度。

合并图层

常见的合并方法有以下几种。

1）合并图层：选择两个或多个图层，执行"图层"→"合并图层"命令（快捷键为〈Ctrl + E〉），就可以将选中的图层合并。该命令可以将当前作用图层与其下一图层合并，其他图层保持不变。合并图层时，需要将作用图层的下一图层设置为显示状态。

2）合并可见图层：执行"图层"→"合并可见图层"命令（快捷键为〈Ctrl + Shift + E〉），可以将所有可见的图层和图层组合并为一个图层。执行该命令，可以将图像中所有显示的图层合并，而隐藏的图层则保持不变。

3）拼合图层：执行"图层"→"拼合图像"命令，可以将当前文件的所有图层拼合到背景图层中，如果文件中有隐藏图层，则系统会弹出对话框要求用户确认合并操作。拼合图层后，隐藏的图层将被删除。

8. 盖印图层

盖印功能是一种特殊的图层合并方法，它可以将多个图层的内容合并为一个目标图层，同时使其他图层保持完好。当需要得到对某些图层的合并效果，而又要保持原图层信息完整的情况下，通过盖印功能合并图层可以达到很好的效果。

盖印图层

盖印功能在 Photoshop 菜单中无法找到，当执行命令后，可以在"历史记录"面板中查看，具体的使用方式是。

在"图层"面板中，可以将某一图层中的图像盖印至下面的图层中，而上面图层的内容保持不变。如图 4-9 所示，首先选择"图层 2"图层，按快捷键〈Ctrl + Alt + E〉，执行盖印操作，之后会在"图层 1"发现中"图层 2"的内容。

 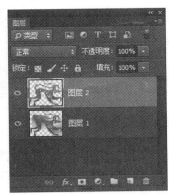

图 4-9　图层盖印功能

此外，盖印功能还可以应用到多个图层，具体方法是：选择多个图层，按快捷键〈Ctrl + Alt + E〉即可。如果需要将所有图层的信息合并到一个图层，并且保留源图层的内容。首先选择一个可见图层，按快捷键〈Ctrl + Shift + Alt + E〉盖印可见图层。执行完操作后，所有可见图层将被盖印至一个新建的图层中。

9. 对齐和分布链接图层

在对多个图层进行编辑操作时，有时为了创作出精确的图形效果，需要将多个图层中的图像进行对齐或等间距分布，如精确选区边缘、裁剪选框、切片、形状和路径等。

使用"对齐"命令之前，需要先建立 2 个或 2 个以上的图层链接；使用"分布"命令之前，需要建立 3 个或 3 个以上的图层链接，否则这两个命令都不可以使用。

要执行"对齐"或"分布"命令，可以选择"图层"→"对齐"或"图层"→"分布"子菜单中的各个命令。也可以在工具选项栏中单击各个按钮来完成操作。各选项的功能如表 4-1 所示。

图层对齐与
分布

表 4-1 "对齐"和"分布"命令一览表

分　类	图　标	名　　称	功能与作用
对齐		顶	将所有链接图层最顶端的像素与作用图层最顶端的像素对齐
		垂直居中	将所有链接图层垂直方向的中心像素与作用图层垂直方向的中心像素对齐
		底	将所有链接图层最底端的像素与作用图层的最底端的像素对齐
		左	将所有链接图层最左端的像素与作用图层最左端的像素对齐
		水平居中	将所有链接图层水平方向的中心像素与作用图层水平方向的中心像素对齐
		右	将所有链接图层最右端的像素与作用图层最右端的像素对齐
分布		按顶分布	从每个图层最顶端的像素开始，均匀分布各链接图层的位置，使它们最顶端的像素间隔相同的距离
		垂直居中分布	从每个图层垂直居中像素开始，均匀分布各链接图层的位置，使它们垂直方向的中心像素间隔相同的距离
		按底分布	从每个图层最底端的像素开始，均匀分布各链接图层的位置，使它们最底端的像素间隔相同的距离
		按左分布	从每个图层最左端的像素开始，均匀分布各链接图层的位置，使它们最左端的像素间隔相同的距离
		水平居中分布	从每个图层水平居中的像素开始，均匀分布各链接图层的位置，使它们水平方向的中心像素间隔相同的距离
		按右分布	从每个图层最右端的像素开始，均匀分布各链接图层的位置，使它们最右端的像素间隔相同的距离

4.1.3　图层组的基本操作

在创建复杂的图形作品时，就会存在大量不同类型、不同内容的图层，为了方便组织和管理图层，Photoshop 提供了图层组的功能。使用图层组功能可以很容易地将图层作为一组来进行操作，比链接图层更方便、快捷。

图层组

1. 创建图层组

单击"图层"面板中的"创建新组"按钮，即可新建一个图层组。之后再创建新图层时，就会在图层组里面创建，如图 4-10 所示。

选择多个图层后，在"图层"面板中单击"创建新组"按钮（快捷键为〈Ctrl + G〉），

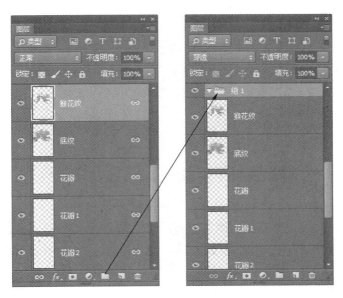

图 4-10　图层组的使用

可以将选择的图层放入同一个图层组内。

2. 嵌套图层组

还可以将当前的图层组嵌套在其他图层组内，这种嵌套结构最多可以为 5 级，如图 4-11 所示。选中图层组中的图层，单击"创建新组"按钮，即可在图层组中创建新组。

图 4-11　嵌套图层功能

3. 编辑图层组

当从"图层"面板中选择了图层组后，对图层组执行的移动、旋转和缩放等变换操作将作用于所有图层。图 4-12 所示为对图层组执行"斜切"命令。

单击图层组前的图标，可以展开图层组，再次单击可以折叠图层组。如果按住〈Alt〉键并单击该图标，可以展开图层组及该组中所有图层的样式列表。

如果要将图层组解散，可以执行"图层"→"取消图层编组"命令（快捷键为〈Ctrl + Shift + G〉）即可。

图 4-12　对图形组执行"斜切"命令

要删除图形组，可以把要删除的图层组拖动至"删除图层"按钮 <img> 上，即可删除该图层及图层组中的所有图层；如果要保留图层，而删除图层组，可在选择图层组后，单击"删除图层"按钮，在弹出的对话框中单击"仅组"按钮即可。

4.1.4　图层样式的应用

图层样式是创建图像特效的重要手段，Photoshop 提供了多种图层样式效果，可以快速更改图层的外貌，为图像添加阴影、发光、斜面、叠加和描边等效果，从而创建具有真实质感的效果。应用于图层的样式将变为图层的一部分，在"图层"面板中，图层的名称右侧将出现 <img> 图标，单击图标旁边的三角形，可以在面板中展开样式，以查看并编辑样式。

当为图层添加图层样式后，既可以通过双击图标打开对话框并修改样式，也可以通过菜单命令将样式复制到其他图层中，并根据图像的大小缩放样式，还可以将设置好的样式保存到"样式"面板中，方便重复使用。

1. 自定义图层样式

在"图层样式"对话框中单击"新建样式"按钮，在弹出的对话框中设置样式的名称，单击"确定"按钮，然后在"样式"面板中就可以看到自定义的样式，如图 4-13 所示。

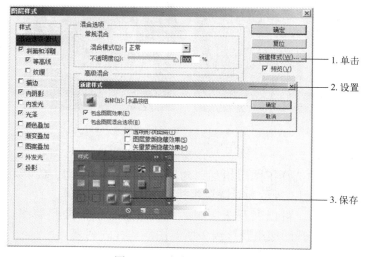

图 4-13　自定义图层样式

在"图层样式"面板中，还有很多预设样式，只要选中图层后，单击该面板中的样式图标即可。

2. 修改与复制图层样式

添加完成图层样式后，还可以使用相同的方法再次打开"图层样式"对话框，修改样式选项，改变样式效果。修改了"斜面和浮雕"选项后的效果如图4-14所示。

图4-14　修改"斜面和浮雕"选项后的效果

通过复制图层样式，可以将相同的效果设置添加到多个图层中。在图层名称的右侧右击，在弹出的快捷菜单中选择"拷贝图层样式"命令，在要粘贴的图层名称右侧右击，在弹出的快捷菜单中选择"粘贴图层样式"命令，就完成了图层样式的复制。

此外，选择要复制图层中的图层样式，按住〈Alt〉键的同时拖动鼠标至要粘贴的图层中，也可以复制图层样式。

3. 缩放样式效果

当对复制后的带有图层样式的图像调整大小时，所添加的样式选项不会变，但会与原效果产生差别，如图4-15所示。

图4-15　缩小带样式的图层内容

要获得与图像比例一致的效果，需要对单独的效果进行缩放。此时可以选择复制后的图层，执行"图层"→"图层样式"→"缩放图层效果"命令，在弹出的对话框中设置"缩放"参数，以得到理想的效果。

4. 混合选项

混合选项用来控制图层的不透明度，以及当前图层与其他图层的像素混合效果。执行"图层"→"图层样式"→"混合选项"命令，在弹出的对话框中包含两组混合滑块，即"本图层"滑块和"下一图层"滑块。它们用来控制当前图层和下面图层在最终的图像中显示的像素，通过调整滑块可根据图像的亮度范围快速创建透明区域。下面通过一个实

混合颜色带

69

例来学习混合选项。

1）打开"高山.tif"和"白云.tif"文件，如图4-16所示，将"白云.tif"拖至"高山.tif"画面中，得到"图层1"图层。

a)   b)

图4-16   图像素材

a）高山素材图像   b）白云素材图像

2）双击"图层1"的缩略图，弹出"图层样式"对话框，并进入"混合选项"选项，如图4-17所示的实线方框内为原图像及改变前的混合色带。

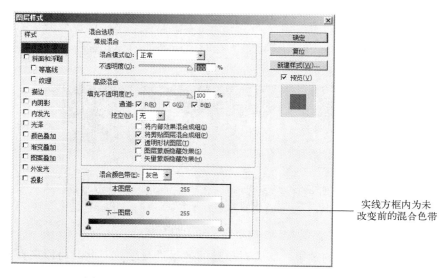

图4-17   "图层样式"对话框中的"混合选项"选项

3）向右侧拖动"混合颜色带"的黑色滑块，如图4-18所示，可以看出随着向右侧拖动黑色滑块，白云围绕在雪山的周围，已经基本得到了需要的效果，只是不够细腻。

4）要取得非常柔和的效果，按住〈Alt〉键单击黑色或者白色滑块，将滑块拆分为两个小滑块，分别移动拆分后的滑块，可以控制图像混合时的柔和程度。使用此方法，将"图层1"（白云）渐变条中的黑色滑块拆分开后的效果如图4-19所示。

所以，"本图层"滑块用来控制当前图层上将要混合并出现在最终图像中的像素范围。

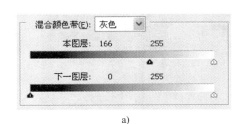

a)   b)

图 4-18　拖动滑块后的图像效果

a）拖动黑色滑块至 166　b）图层发生的变化

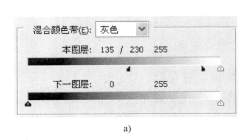

a)   b)

图 4-19　黑色滑块拆分后的图像效果

a）将黑色滑块分离开　b）分离开后图层发生的变化

将左侧黑色滑块向中间移动时，当前图层中所有比该滑块所在位置暗的像素都将被隐藏，被隐藏的区域会被显示为透明状态。下面通过调整左侧的滑块来合成一幅图像。

注意：将滑块分成两部分后，右半侧滑块所在位置的像素为不透明像素，而左半侧滑块所在位置的像素为完全透明的像素，两个滑块中间部分的像素会显示为半透明效果。

以上实例方法特别适合于混合有柔和、不规则边缘的云、烟或雾、火等图像。

5. 投影和内阴影

阴影制作是设计者最基础的入门功夫。无论是文字、按钮、边框，还是物体，如果加上阴影，则会产生立体感。利用这两个图层样式可以逼真地模仿出物体的阴影效果，并且可以对阴影的颜色、大小和清晰度进行控制。

投影与内阴影

制作投影时，首先打开"图层样式"对话框，选择"投影"复选框，如图 4-20 所示，各个选项的含义如下。

（1）"结构"选项组

在设置投影效果时，在"结构"选项组中可以设置投影的方向、透明度、角度变化和距离等参数，以控制投影的变化。

"混合模式"：选定投影的混合模式，在其右侧有一个颜色框，单击它可以在弹出的对话框中选择阴影颜色。

"不透明度"：用于设置投影的不透明度，参数越大，投影颜色越深。

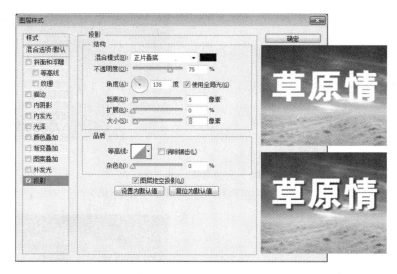

图 4-20　设置投影效果

"角度"：用于设置光线照射角度，阴影的方向会随角度的变化而变化。

"使用全局光"：可以为同一图像中的所有图层样式设置相同的光线照射角度。

"距离"：用于设置阴影的距离，取值范围为 0 ～ 30000，参数越大，距离越远。

"扩展"：用于设置光线的强度，取值范围 0% ～ 100%，参数越大，投影效果越强烈。

"大小"：用于设置投影柔滑效果，取值范围 0 ～ 250，参数越大，柔滑程度越大。

（2）"品质"选项组

在该选项组中可以控制投影的程度，包含以下几个选项。

"等高线"：在该选项中可以选择一个已有的等高线效果应用于阴影，也可以单击后面的选框进行编辑。

"消除锯齿"：选择该复选框，可以消除投影的边缘锯齿。

"杂色"：设置投影中随机混合元素的数量，取值范围为 0% ～ 100%，参数越大，随机元素越多。

"图层挖空投影"：选择该复选框后，可控制半透明图层中投影的可视性。

内阴影作用于物体内部，可在图像内部创建出阴影效果，使图像出现类似内陷的效果。选择"内阴影"复选框，在其右侧的选项组中可设置"内阴影"的各项参数。

6. 斜面和浮雕

选择"斜面和浮雕"，可以为图像和文字制作出立体效果，如图 4-21 所示。它是通过对图层添加高光与阴影来模仿立体效果的。通过更改众多的选项，可以控制浮雕样式的强弱、大少和明暗变化等效果。

斜面与浮雕

在"样式"选项中可以设置浮雕的类型，改变浮雕立体面的位置，其下拉列表框中包含以下几个选项。

"外斜面"：在图层内容的外边缘上创建斜面效果。

"内斜面"：在图层内容的内边缘上创建斜面效果。

"浮雕效果"：创建使图层内容相对于下层图层凸出的效果。

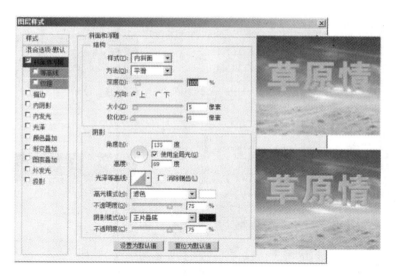

图 4-21　设置斜面和浮雕效果

"枕状浮雕"：创建将图层内容的边缘凹陷进入下层图层中的效果。

"描边浮雕"：在图层描边效果的边界上创建浮雕效果（只有进行了描边的图层才能看到）。

"方法"选项用来控制浮雕效果的强弱，包括以下3个级别。

"平滑"：可稍微模糊杂边的边缘，用于所有类型的杂边，不保留大尺寸的细节特写。

"雕刻清晰"：主要用于消除锯齿形状（如文字）的硬边杂边，保留细节特写的能力优于"平滑"技术。

"雕刻柔和"：没有"雕刻清晰"技术细节特写的能力精确，主要应用于较大范围的杂边。

在设置浮雕效果时，还可以通过设置"深度""大小"及"高度"等选项来控制浮雕效果的细节变化。

"深度"：设置斜面或图案的深度。

"大小"：设置斜面或图案的大小。

"软化"：模糊投影效果，消除多余的人工痕迹。

"高度"：设置斜面的高度。

"光泽等高线"：创建类似于金属表面的光泽外观。

"高光模式"：用来指定斜面或暗调的混合模式，单击右侧的颜色块，可以弹出"拾色器"对话框，可在其中设置高光的颜色。

"阴影模式"：在该下拉列表框中可选择一种斜面或浮雕暗调的混合模式，单击其右边的颜色块，可以设置暗调部分的颜色。

7. 外发光效果

运用外发光效果可以制作出物体光晕，使物体产生光源效果。当选择"外发光"复选框后，用户可以在其右侧相对应的选项中进行各项参数的设置，如图4-22所示。在设置外发光时，背景的颜色尽量选择深色图像，以便显示出设置的发光效果。

8. 内发光效果

"内发光"效果与"外发光"效果相反，作用于物体的内部，可以制

外发光与
内发光

73

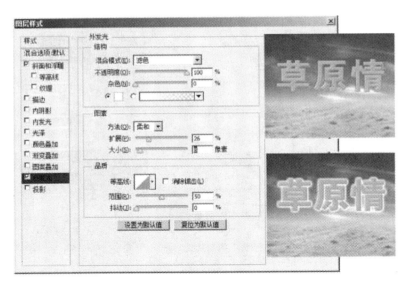

图 4-22　设置外发光效果

作出物体内部发光的效果。在设置发光效果时，应注意主体物的颜色。主体物的颜色为深色时，可直观地查看到内发光的效果。

9. 光泽效果

光泽效果可以使物体表面产生明暗分离的效果，它在图层内部根据图像的形状来应用阴影效果，通过设置"距离"参数，可以控制光泽的范围。

10. 颜色叠加效果

可在图层内容上填充一种选定的颜色，在"颜色叠加"选项中，用户可以设置"颜色""混合模式"及"不透明度"，从而改变叠加色彩的效果。该样式与为图像填充前景色和背景色的操作效果相同，所不同的是使用颜色叠加效果可以方便、直观地更改填充的颜色。

11. 渐变叠加效果

渐变叠加的操作方法与颜色叠加类似，在"渐变叠加"选项中可以改变渐变样式及角度。单击选项组中间的渐变条，可弹出"渐变编辑器"对话框，通过该对话框，可设置出不同颜色混合的渐变色，为图像添加更为丰富的渐变叠加效果。

4.1.5　案例实现过程

1）执行"文件"→"新建"命令（快捷键为〈Ctrl + N〉），新建一个文件，并命名为"玉镯.psd"，设置"宽度"和"高度"均为 14 厘米，背景为白色。

2）执行"视图"→"标尺"命令（快捷键为〈Ctrl + R〉），显示图像的标尺，用鼠标从标尺 7cm 处拉出垂直和水平的两条参考线（注意：拉到近中间 1/2 处时，参考线会抖动一下，这时停下鼠标，即是水平或垂直的中心线）。拉出相互垂直的两条参考线后，图像的中心点就确定了，如图示 4-23 所示。

3）新建一个图层，接下来选择"椭圆选框工具"准备在图中绘制。在中心点处按住鼠标左键，再按〈Shift + Alt〉组合键，然后拖动鼠标绘制一个以中心参考点为圆心的圆形选

案例：翡翠玉镯

区，如图 4-24 所示。

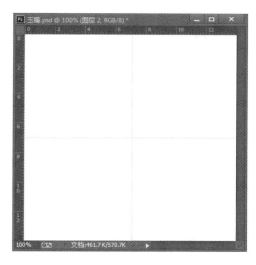

图 4-23　显示标尺并设置辅助线

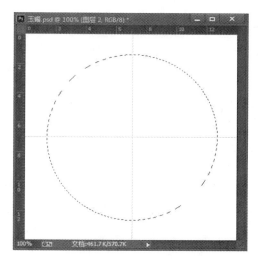

图 4-24　绘制圆形选区

4）再次使用"椭圆选框工具"，设置从选区减去，用与步骤 3 相同的方法绘出一个较小的圆形选框，最后得到一个环形选区，如图 4-25 所示。

5）将前景色设置为绿色（64BE03），然后按〈Alt + Delete〉组合键填充圆环，效果如图 4-26 所示。

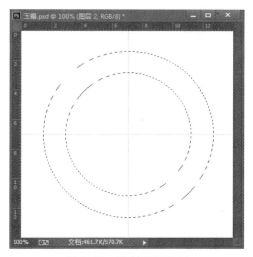

图 4-25　绘制环形选区

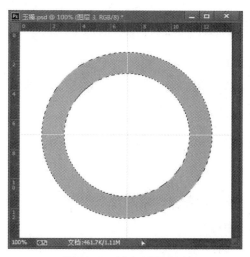

图 4-26　填充环形选区

6）双击"图层 1"的缩略图，弹出"图层样式"对话框，选择"斜面与浮雕"复选框，设置各个参数，所有参数不是定数，可以观察图像，反复调整，直到满意，如图 4-27 所示。

7）接着选择"光泽"复选框，设置混合模式色块为翠绿色（55c90e），"距离"和"大小"可观察着图像调整，直到满意为止，如图 4-28 所示。

8）设置"图案叠加"效果，选择"云彩"图案，调整"不透明度"和"缩放"，将其设置为合适比例，如图 4-29 所示。

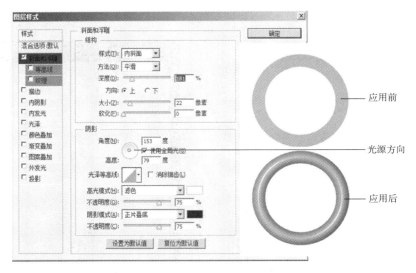

图 4-27 添加"斜面和浮雕"后的效果

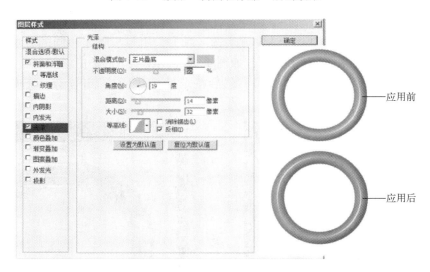

图 4-28 添加"光泽"后的效果

9）设置"投影"效果，如图 4-30 所示。

10）这样一个通灵剔透的翡翠玉镯就制作完成了，如果还想添加细节效果，还可以添加"内发光"与"内阴影"效果，如图 4-1 所示。

4.1.6 应用技巧与案例拓展

本节的拓展案例是淮信科技 Logo 的设计，具体的实施步骤如下。

1）启动 Photoshop 软件，然后执行"文件"→"新建"命令，创建"淮信科技 Logo. psd"文件，设置"宽度"为 230 像素，"高度"为 100 像素，背景为白色，并选择 RGB 色彩模式。

2）执行"编辑"→"首选项"→"单位与标尺"命令，修改标尺

案例：淮信科技 Logo 的设计

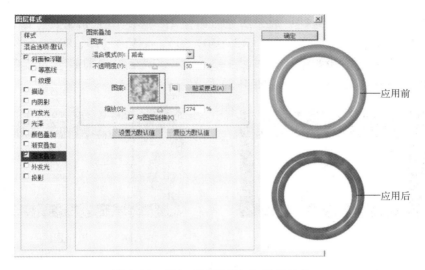

图 4-29 添加"图案叠加"后的效果

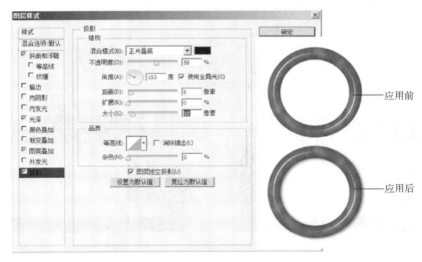

图 4-30 添加"投影"后的效果

的单位为像素。执行"编辑"→"首选项"→"参考线、网格、切片和计数"命令,将网格线间距修改为 20 像素。执行"视图"→"标尺"命令,显示标尺。执行"视图"→"显示"→"网格"命令,显示网格。最后执行"视图"→"新参考线"命令,弹出"新建参考线"对话框,如图 4-31 所示,依次新建两条水平参考线(20px,80px)与两条垂直参考线(10px,220px),新建完成后的效果如图 4-32 所示。

图 4-31 新建参考线对话框

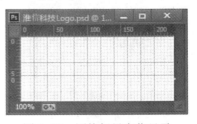

图 4-32 网格标尺定位显示

3）新建一个图层"图层1"，放大图像然后使用"多边型套索工具" 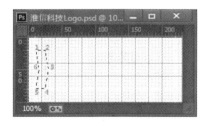，依次选取坐标1（10，20）、坐标2（25，30）、坐标3（30，50）、坐标4（25，80）、坐标5（10，80）和坐标6（15，50）形成闭合选区，如图4-33所示，最后设置前景色为蓝色（RGB值为15、40、140），并填充到选区中，如图4-34所示。

图4-33 绘制不规则选区

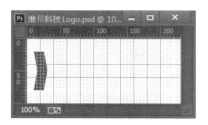
图4-34 填充选区

4）复制"图层1"图层并命名为"图层2"，然后执行"编辑"→"自由变换"命令，在变换区域内右击，在弹出的快捷菜单中选择"水平翻转"命令，最后将"图层2"向右移动25像素，如图4-35所示。

5）新建"图层3"图层，选择"椭圆套索工具" 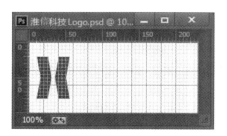，设置属性中的"样式"为"固定大小"，宽20像素，高20像素，绘制选区后填充为红色（ff0000），用方向键调整其位置在"图层1"与"图层2"中间，如图4-36所示。

图4-35 水平翻转图像

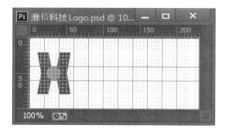
图4-36 填充选区

6）使用文本工具输入"淮信科技"，设置字体为"方正大黑简体"，大小为36点，颜色为蓝色，单击字符段落标记 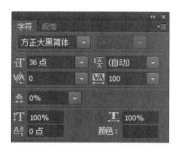，设置字符间距 为100（如图4-37所示），文字效果如图4-38所示。

图4-37 设置字符间距

图4-38 添加文字后的效果

7）采用同样的方法输入文本 Huaixin Scinence and Technology，设置字体为 Arial Black，大小为 8 点，颜色为蓝色（RGB 值为 15、40、140），如图 4-39 所示。

8）新建"图层 4"图层，使用铅笔工具绘制一条线，调整其位置，使其位于中文与英文之间，如图 4-40 所示（隐藏网格与辅助线后的效果）。

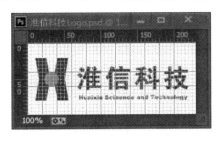
图 4-39　添加英文文字

图 4-40　添加横线的效果

9）为图层添加图层样式。选中"淮信科技"文本图层，单击"添加图层样式"按钮 ***fx***，选择"斜面与浮雕"效果，参数设置如图 4-41 所示。

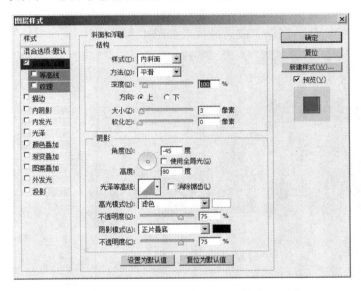
图 4-41　为"淮信科技"设置"斜面与浮雕"效果

10）在"图层"面板中选中"淮信科技"文本图层，然后将鼠标指针放在 效果 上并右击，在弹出的快捷菜单中选择"拷贝图层样式"命令，然后选中"图层 1"图层并右击，在弹出的快捷菜单中选择"粘贴图层样式"命令，依次对"图层 2"和"图层 3"进行同样的操作，最后为"图层 3"添加"描边"效果，如图 4-42 所示。

图 4-42　"图层 3"的"描边"效果设置

11）调整各个图层的位置，淮信科技 Logo 就完成了，效果如图 4-43 所示。

图 4-43　淮信科技 Logo 效果展示

4.2　案例 2：网站效果图的设计与制作

Photoshop 在网站开发中应用十分广泛，尤其体现在网站效果图的设计过程中。现在以"书法家庄辉个人网站效果图"的设计为例讲解图层混合模式的应用。

庄辉个人网站项目主要是通过网络媒体提高知名度。网站要反映出书法的文化气息，包括个人简介、国画作品、书法作品和联系方式四个主要栏目的超链接。同时为满足浏览需要，建议将图像大小设置为 1024×768 像素。项目效果图计划以褐色为背景，采用能反映中国传统的文房四宝的特征。制作完成后的效果如图 4-44 所示。

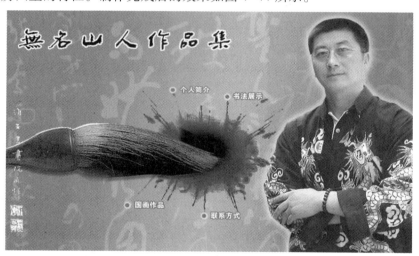

图 4-44　书法家庄辉个人网站主页设计效果

4.2.1　图层混合模式的概述与分类

在数字图像处理过程中混合图像时，图层的混合模式是最为有效的技术之一，恰当地在两幅或多幅图像间使用混合模式，能够轻松地制作出图像间相互隐藏、叠加，混融为一体的效果。

Photoshop 将混合模式分为六大类共 26 种混合形式，即组合模式（正常、溶解），加深混合模式（变暗、正片叠底、颜色加深、线性加深、深色），减淡混合模式（变亮、滤色、颜色减淡、线性减淡），对比混合模式（叠加、柔光、强光、亮光、线性光、点光、实色混合），比较混合模式（差值、排除、减去、划分），以及色彩混合模式（色相、饱和度、颜色、亮度）。

4.2.2　图层混合模式的应用方法

下面通过一个实例来讲解图层混合模式的具体应用方式，具体步骤如下。

1）打开图片"素材1.jpg"（如图4-45所示）和图片"素材2.jpg"（如图4-46所示）。

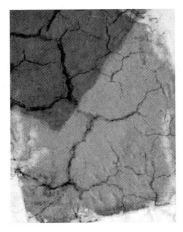

图4-45　背景图像

图4-46　融合图像

2）使用"移动工具"![]将"素材2.jpg"图像拖至"素材1.jpg"图像中，位置如图4-47所示，得到"图层1"图层。设置"图层1"的混合模式为"颜色减淡"，得到如图4-48所示的效果。打开"模特.psd"文件，使用"移动工具"![]将该图像拖至背景图像中，并移动到如图4-48所示的位置。

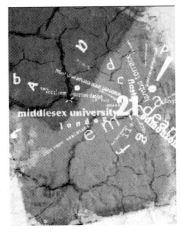

图4-47　背景图像

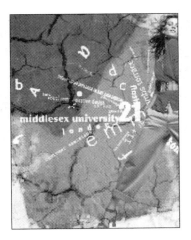

图4-48　融合图像

通过了解混合模式，依次试验其他各种混合模式。

4.2.3　图层混合模式详解

1. 组合混合模式

组合模式中包含"正常"和"溶解"两个模式，它们需要配合使用不透明度才能产生一定的混合效果。

"正常"模式：在"正常"模式下调整上面图层的不透明度，可以使当前图像与底层图像产生混合效果，在此模式下形成的合成色或者着色作品不会用到颜色的相减属性。

"溶解"模式：特点是配合调整不透明度可创建点状喷雾式的图像效果，不透明度越低，像素点越分散。

2. 加深混合模式

加深混合模式可将当前图像与底层图像进行比较，使底层图像变暗。

"变暗"模式：自动检测颜色信息，选择基色或混合色中较暗的作为结果色，其中比结果色亮的像素将被替换掉，就会露出背景图像的颜色，比结果色暗的像素将保持不变。

"正片叠底"模式：特点是可以使当前图像中的白色完全消失。另外，除白色以外的其他区域都会使底层图像变暗。无论是图层间的混合还是在图层样式中，正片叠底都是最常用的一种混合模式。

"颜色加深"模式：特点是可保留当前图像中的白色区域，并加强深色区域。

"线性加深"模式："线性加深"模式与"正片叠底"模式的效果相似，但产生的对比效果更强烈，相当于"正片叠底"与"颜色加深"模式的组合。

3. 减淡混合模式

在 Photoshop 中每一种加深模式都有一种完全相反的减淡模式与之对应，减淡模式的特点是当前图像中的黑色将会消失，任何比黑色亮的区域都可能加亮底层图像。

"变亮"模式：特点是比较并显示当前图像比下面图像亮的区域，"变亮"模式与"变暗"模式产生的效果相反。

"滤色"模式：特点是可以使图像产生漂白的效果，"滤色"模式与"正片叠底"模式产生的效果相反。

"颜色减淡"模式：特点是可加亮底层的图像，同时使颜色变得更加饱和，由于对暗部区域的改变有限，因而可以保持较好的对比度。

"线性减淡"模式：与"滤色"模式相似，但是可产生更加强烈的对比效果。

4. 对比混合模式

对比混合模式综合了加深和减淡模式的特点，在进行混合时 50% 的灰色会完全消失，任何亮于 50% 灰色的区域都可能加亮下面的图像，而暗于 50% 灰色的区域都可能使底层图像变暗，从而增加图像对比度。

"叠加"模式：特点是在为底层图像添加颜色时，可保持底层图像的高光和暗调。

"柔光"模式："柔光"模式可产生比"叠加"模式或"强光"模式更为精细的效果。

"强光"模式：特点是可增加图像的对比度，它相当于"正片叠底"和"滤色"模式的组合。

"亮光"模式：特点是混合后的颜色更为饱和，可使图像产生一种明快感，它相当于"颜色减淡"和"颜色加深"模式的组合。

"线性光"模式：特点是可使图像产生更高的对比度效果，从而使更多区域变为黑色和白色，它相当于"线性减淡"和"线性加深"模式的组合。

"点光"模式：特点是可根据混合色替换颜色，主要用于制作特效，它相当于"变亮"与"变暗"模式的组合。

"实色混合"模式：特点是可增加颜色的饱和度，使图像产生色调分离的效果。

5. 比较混合模式

比较混合模式可比较当前图像与底层图像，然后将相同的区域显示为黑色，不同的区域显示为灰度层次或彩色。

"差值"模式：特点是当前图像中的白色区域会使图像产生反相的效果，而黑色区域则会接近底层图像。

"排除"模式："排除"模式可比"差值"模式产生更为柔和的效果。

6. 色彩混合模式

色彩的三要素是色相、饱和度和亮度，使用色彩混合模式合成图像时，Photoshop 会将三要素中的一种或两种应用在图像中。

"色相"模式：它适合于修改彩色图像的颜色，该模式可将当前图像的基本颜色应用到底层图像中，并保持底层图像的亮度和饱和度。

"饱和度"模式：特点是可使图像的某些区域变为黑白色，该模式可将当前图像的饱和度应用到底层图像中，并保持底层图像的亮度和色相。

"颜色"模式：特点是可将当前图像的色相和饱和度应用到底层图像中，并保持底层图像的亮度。

"亮度"模式：特点是可将当前图像的亮度应用于底层图像中，并保持底层图像的色相与饱和度。

4.2.4 图层混合模式应用策略实例

把图 4-49 中绘制的渐变图像与图 4-50 中的书法作品进行混合。图 4-51 所示为混合前的状态，图 4-52 所示为柔光混合后的效果，图 4-53 所示为柔光模式配合不透明度（24%）后的效果。

图 4-49　背景渐变图像素材

图 4-50　书法作品素材

图 4-51 "正常"模式下"图层 1"与"图层 2"的显示效果
a)"正常"模式显示效果　b)"正常"模式下的"图层"面板

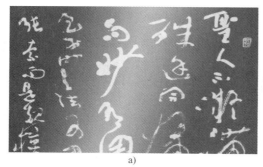

图 4-52 "柔光"模式下"图层 1"与"图层 2"的显示效果
a)"柔光"模式显示效果　b)"柔光"模式下的"图层"面板

图 4-53 "柔光"模式下"图层 1"与"图层 2"的显示效果（配合"不透明度"24%）
a)"柔光"模式显示效果　b)"柔光"模式下的"图层"面板

4.2.5 案例实现过程

庄辉网站效果图的设计制作的具体步骤如下。

1）启动 Photoshop 软件，然后执行"文件"→"新建"命令，创建
"书法家庄辉个人网站主页效果图 . psd"文件，设置"宽度"为 984 像
素，"高度"为 600 像素，"分辨率"为 72 像素/英寸，颜色模式为 RGB

案例：书法家
庄辉网站
效果图制作

颜色，"背景内容"为白色。

2）在背景图层中，在工具箱中单击"渐变工具"按钮 ▮，设置前景色为深褐色（b27516），背景色为浅褐色（c9ac78），接着在选项栏中选取渐变填充（对称渐变▬），简单拖动鼠标后形成渐变的背景图像，如图 4-49 所示的背景）。

3）打开图片"书法1.jpg"，然后执行"图像"→"调整"→"反相"命令，最后将其拖入效果图，设置图层名称为"书法"，设置混合模式为"柔光"，"不透明度"为 24%，如图 4-53b 所示。采用同样的方法将"国画.jpg"进行类似的操作，调整图层的大小与位置后的效果如图 4-54 所示。

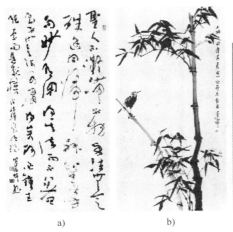

a)   b)   c)

图 4-54   有背景图片与书法国画混合后的效果图

a）书法图片   b）国画图片   c）调整图层后的效果

4）打开图片"墨迹.jpg"，使用"魔棒工具" ※ 选择白色区域，然后执行"选择"→"反向"命令（快捷键为〈Ctrl + Shift + I〉），选取墨迹，将其复制并粘贴到效果图中。打开图片"毛笔.jpg"，用同样的方法选取图中的毛笔图像，同样将其复制并粘贴到效果图中。调整好毛笔与墨迹的位置，"墨迹"与"毛笔"图层合成的效果如图 4-55 所示，为"毛笔"图层设置图层样式，添加"投影"效果增加立体感，具体参数为："不透明度"为 44%，"角度"为 90，"距离"为 8 像素，"大小"为 2 像素，放入效果图中的效果如图 4-56 所示。

图 4-55   毛笔与墨迹组合效果   图 4-56   毛笔与墨迹组合后放入效果图中的效果

5）打开图片"无名山人.jpg"，使用"魔棒工具"选择黑色字体的局部区域，例如选中"山"字，然后执行"选择"→"选取相似"命令，选中"无名山人作品集"的题字的黑色区域，如图4-57所示，复制黑色区域，粘贴到效果图中，最后为"无名山人作品集"文字图层添加"描边"图层样式（"颜色"为白色，"大小"为3像素），效果如图4-58所示。

6）打开图片"庄辉.jpg"，使用"多边型套索工具"将照片中的人物选取出来（如图4-59所示），复制并粘贴到的效果图中，调整人物的大小与位置，最后设置人物的图层样式为"外发光"效果（"不透明度"为50%，"颜色"为白色，"渐变"为透明，"扩展"为14%，"大小"为21像素），如图4-60所示。

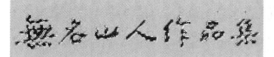

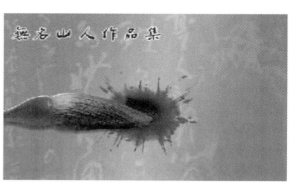

图4-57 "无名山人作品集"选区　　　图4-58 "无名山人作品集"放入效果图中的效果

图4-59 人物照片选区　　　图4-60 人物照片放入效果图中的效果

7）新建一个图层，选择"椭圆套索工具"，设置工具属性（"样式"为"固定大小"，"宽度"为10像素，"高度"为10像素），然后在新图层中选择四个选区并对其填充红色，分别给每个小红点设置"外发光"效果（与人物发光相似），最后添加"个人简介""书法作品""国画作品"和"联系方式"文字（"字体"为"方正大黑简体"，"大小"为18点，"颜色"为白色），并对文字添加"描边"效果，如图4-61所示。

8）打开"落款.psd"与"印章.jpg"照片，分别将它们复制到效果图中，并对其大小进行调整，整个效果图就制作完成了，如图4-62所示。

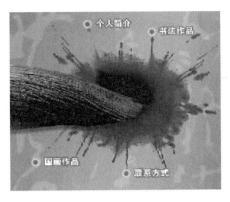

图 4-61　添加文字与点缀的效果　　　　　图 4-62　添加落款与印章后的效果

4.3　小结

本章主要介绍了图层的概念与分类、图层的基本应用、图层组的应用、图层样式的应用，以及图层混合模式的应用。通过初识图层和图层类型、了解图层的样式和混合模式，以及图层的管理方法，可以让读者在制作过程中灵活地运用图层的各种运用技巧。

4.4　项目作业

设计企业网站平面效果图。淮安三益电器有限公司是创建于 1985 年的专业电子生产厂家。现进行网站（旧版 www. ha－sanyi. com）改版工作，界面如图 4-63 所示，具体需求模块如图 4-64 所示，请读者通过搜索相关资料设计新版网站效果图，并形成静态网站。

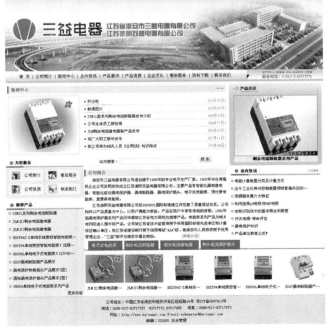

图 4-63　淮安三益电器有限公司网站页面

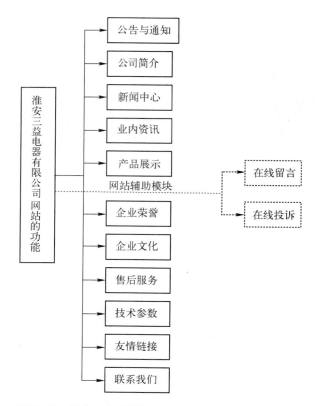

图 4-64　淮安三益电器有限公司网站改版需求示意图

第 5 章　色调与色彩的调整

5.1　案例 1：单色调怀旧照片的制作

调整色彩与色调是图像处理中一项非常实用且重要的内容。Photoshop 提供了丰富而强大的色彩与色调的调整功能，图像色调的调整是对图像明暗关系及整体色调的调整。在图像编辑过程中，为了表现某种艺术感觉，经常需要将图像中的色调更改为另一种色调，如将红色调更改为绿色调，以体现生机勃勃的气势。本节通过对色调的调整来完成单色调怀旧照片的制作，如图 5-1 所示。

a)　　　　　　　　　　　　　　　　　　　　b)

图 5-1　单色调怀旧照片效果

a）皖南民居照片　b）调整后的单色调怀旧照片效果

5.1.1　颜色的基本属性

色彩是人对事物的第一视觉印象，具有先声夺人的艺术魅力。作为一种独立的语言，色彩本身就具有强烈的表现力。作品是否优秀，很大程度上取决于对色彩的运用，张弛有度的色彩可以产生对比效果，使图像显得更加绚丽，同时激发人的感情和想象；色相、饱和度和亮度这 3 个色彩要素共同构成了人类视觉中完整的颜色表相。因此，了解并掌握一定的色彩知识是十分必要的。

1. 色相

色相指的是色的相貌，它可以包括很多色彩，光学中的三原色为红、蓝、绿，而在光谱中最基本的色相可分为红、橙、黄、绿、蓝、紫 6 种颜色。

2. 饱和度

饱和度指的是色彩的鲜艳程度，也称为纯度。从科学角度来讲，一种颜色的鲜艳程度取决于这一色相反射光的单一程度。当一种颜色所含的色素越多，饱和度就越高，明度也会随之提高。

不同的色相不仅明度不同，纯度也不相同，在所有色相中，红色的饱和度最高，蓝绿色的饱和度最低。任何一种色相加入白色时，明度虽有所提高，但纯度都会降低；加入黑色时，色相的纯度和明度都会降低；当两种或两种以上的色相混合时，它们各自的纯度都会降低。

3. 明度

明度指的是色彩的明暗程度或深浅程度，它是色彩中的骨骼，具有一种不依赖于其他性质而单独存在的特性。如果色相与纯度脱离了明度，就无法显现。

不同明度值的图像效果给人的心理感受也有所不同，高明度色彩给人以明亮、纯净和唯美等感受；适中的明度色彩给人以朴素、稳重和亲和的感受；低明度色彩则让人感受压抑、沉重和神秘。其中，黄色是明度最高的颜色，如图 5-2 所示，紫色是明度最低的颜色，如图 5-3 所示。

图 5-2　黄颜色图片　　　　　　　　　　　　　图 5-3　紫颜色图片

5.1.2　查看图像的颜色分布

一个好的设计对色彩的要求是十分苛刻的，在对色彩的调整过程中，应该先对所制作的作品的色彩有一个全面的认识和了解，再根据需要做出正确的判断与修正，达到较为完美的效果。查看图像的颜色分布主要通过"信息"面板和"直方图"面板进行了解。

1. "信息"面板

"信息"面板与"吸管工具"可用来读取图像中一个像素的颜色值，从而客观地分析颜色校正前后图像的状态。在使用各种色彩调整对话框时，"信息"面板都会显示像素的两组像素值，即像素原来的颜色值和调整后的颜色值，而且用户可以使用"吸管工具"查看单独区域的颜色，如图 5-4 所示。

2. "直方图"面板

为了便于了解图像的色调分布情况，Photoshop 提供了"直方图"面板，用图形的形式表示图像每个亮度级别处的像素的数量，为校正色调和颜色提供依据。在"直方图"面板中，主要包含"平均值""标准偏差""中间值""像素""高速缓存级别""色阶""数量"和"百分位"等信息，如图 5-5 所示。

图 5-4　单独区域图像信息

图 5-5　不同饱和度图像的"直方图"面板

5.1.3　图像色彩的基本调整

要调整图像色调，主要可以通过"色阶""自动色调""曲线"和"亮度/对比度"等命令来实现，下面将分别进行介绍。

1. 运用"色阶"命令调整色彩

"色阶"命令通过将每个通道中最亮和最暗的像素定义为白色和黑色，然后按比例重新分配中间像素值来控制调整图像的色调，从而校正图像的色调范围和色彩平衡。

"色阶"命令

下面通过实例运用"色阶"命令来提亮图像，具体操作步骤如下。

1）打开素材文件夹中的图像文件"海南风景.jpg"，如图 5-6 所示。

2）执行"图像"→"调整"→"色阶"命令（快捷键为〈Ctrl + L〉），如图 5-7 所示。

图 5-6　素材图像

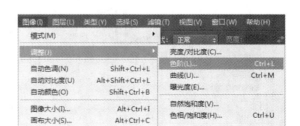

图 5-7　单击"色阶"命令

3）弹出"色阶"对话框，如图5-8所示。

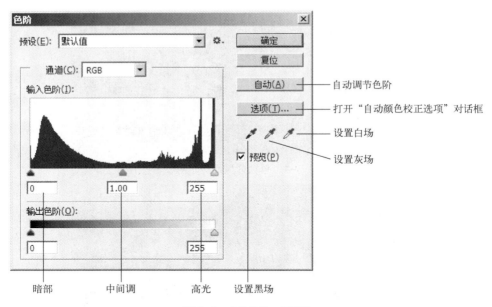

图5-8 "色阶"对话框

自动调节色阶：系统会自动调整整个图像的色调。

暗部、中间调、高光：用来调整整个图像的色调。

设置黑场：用该吸管在图像上单击，可以将图像中所有像素的亮度值减去吸管单击处的像素亮度值，从而使图像变暗。

设置灰场：用该吸管在图像上单击，将用该吸管单击处的像素中的灰点来调整图像的色调分布。

设置白场：用该吸管在图像上单击，可以将图像中所有像素的亮度值加上吸管单击处的像素亮度值，从而使图像变亮。

4）设置"输入色阶"的参数依次为0、1.51、236，如图5-9所示。

5）单击"确定"按钮，即可运用"色阶"命令调整图像，效果如图5-10所示。

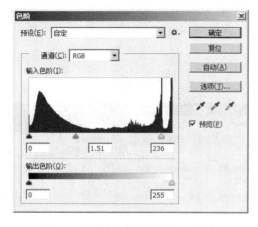

图5-9 调整后的"色阶"对话框

图5-10 调整色阶后的效果

2. 运用"自动色调"命令调整色彩

"自动色调"命令根据图像整体颜色的明暗程度进行自动调整，使亮部与暗部的颜色按一定的比例分布。

运用"自动色调"命令调整图像，具体操作步骤如下。

1）打开素材文件夹中的图像文件"桂花飘香.jpg"，如图 5-11 所示。

2）执行"图像"→"自动色调"命令（快捷键为〈Ctrl + Shift + L〉），系统即可自动调整图像明暗，效果如图 5-12 所示。

图 5-11　"桂花飘香.jpg"素材图像　　　　图 5-12　自动调整图像明暗

3. 运用"曲线"命令调整色彩

使用"曲线"命令可以对图像的亮调、中间调和暗调进行适当调整，其最大的特点是可以对某一范围内的图像进行色调的调整，而不影响其他图像的色调。

"曲线"命令

运用"曲线"命令调整反差过小的图像，具体操作步骤如下。

打开素材文件夹中的图像文件"蓝天白云.jpg"，如图 5-13 所示。

在图 5-13 中显然看到亮部缺失，所以解决办法就是在"色阶"对话框中将亮部的游标左移来增强照片的反差（见图 5-14），调整后的效果如图 5-15 所示。常见的问题还有反差过大、曝光不足等，解决方法与此类同。

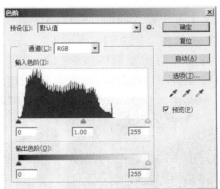

图 5-13　"蓝天白云.jpg"素材图片　　　　图 5-14　蓝天白云原图色阶

执行"图像"→"调整"→"曲线"命令，弹出"曲线"对话框，曲线调整如图 5-16 所示（快捷键为〈Ctrl + M〉），调整后的效果与色阶类似。

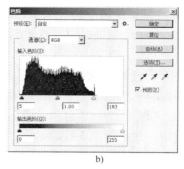

a)

b)

图 5-15 "蓝天白云.jpg"调整后的效果与色阶图

a) 蓝天白云调整后的效果　b) 蓝天白云调整时的色阶（消除反差）

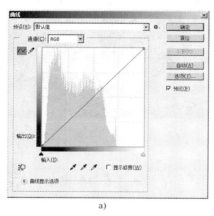
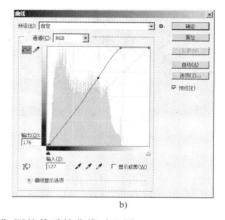

a)

b)

图 5-16 "蓝天白云.jpg"调整前后的曲线对比图

a)"蓝天白云.jpg"原图调整前的曲线　b)"蓝天白云.jpg"调整后的曲线（消除反差）

4. 运用"亮度/对比度"命令调整色彩

执行"图像"→"调整"→"亮度/对比度"命令，弹出如图 5-17 所示的"亮度/对比度"对话框。

在文本框中输入数值，可以调整图像的亮度和对比度。图 5-18 所示为向左拖移降低亮度和对比度后的效果（"亮度"为-30），或者向右拖移增加亮度和对比度后的效果（"亮度"为+30）。

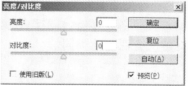

图 5-17 "亮度/对比度"对话框

亮度/对比度

a)

b)

c)

图 5-18 调整亮度/对比度的效果

a) 庐山原图　b) 降低亮度　c) 增加亮度

5. 运用"自动对比度"命令调整色彩

使用"自动对比度"命令，可以让系统自动调整图像中颜色的总体对比度和混合颜色，它将图像中最亮和最暗的像素映射为白色和黑色，使高光显得更亮，而暗调显得更暗。

运用"自动对比度"命令调整图像，打开素材图片"冬季风光.jpg"，如图5-19所示。执行"图像"→"自动对比度"命令，效果如图5-20所示。

图5-19　"冬季风光.jpg"素材图像　　　　　图5-20　调整对比度后的效果

6. 运用"自动颜色"命令调整色彩

运用"自动颜色"命令，可以让系统对图像的颜色进行自动校正，若图像有偏色与饱和度过高的现象，使用该命令则可以进行自动调整。

1）打开素材图片"雪山.jpg"，如图5-21所示。

2）执行"图像"→"自动颜色"命令（快捷键为〈Ctrl + Shift + B〉），系统将自动对图像的颜色进行校正，效果如图5-22所示。

图5-21　"雪山.jpg"素材图像　　　　　图5-22　自动校正颜色后的效果

7. 运用"变化"命令调整色彩

在使用"变化"命令调整色彩平衡、对比度和饱和度的过程中，用户可以非常直观地观察图像效果，该命令对于不需要进行精确调整的图像非常有用。

"变化"命令通过显示代替物的缩略图来调整图像的色彩平衡、对比度和饱和度。打开一幅图像（如图5-21所示）后，执行"图像"→"调整"→"变化"命令，弹出"变化"对话框，如图5-23所示。

"变化"命令

95

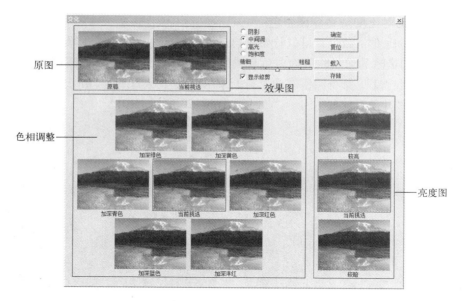

图 5-23 "变化"对话框

5.1.4 图像色调的高级调整

图像色调的高级调整可以通过"色彩平衡""色相/饱和度""匹配颜色"和"替换颜色"等 9 种命令来进行操作。下面将分别介绍使用各命令调整图像色调的方法。

1. 使用"色相/饱和度"命令调整色调

使用"色相/饱和度"命令可以精确地调整整幅图像，或单个颜色成分的色相、饱和度和明度。此命令也可以用于 CMYK 颜色模式的图像中，有利于颜色值处于输出设备的范围中。

运用"色相/饱和度"命令调整色彩的具体操作步骤如下。

1）打开素材图像"雄鹰.jpg"，如图 5-24 所示。

2）执行"图像"→"调整"→"色相/饱和度"命令（快捷键为〈Ctrl + U〉），弹出"色相/饱和度"对话框，设置"色相"为 - 180，"饱和度"为 + 50，单击"确定"按钮，即可调整图像的色相，效果如图 5-25 所示。

图 5-24 "雄鹰.jpg"素材图像

图 5-25 调整色相和饱和度后的效果

2. 使用"色彩平衡"命令调整色调

色彩平衡

"色彩平衡"命令是根据颜色互补的原理,通过添加和减少互补色来达到图像的色彩平衡效果,或改变图像的整体色调。

运用"色彩平衡"命令调整图像色调的具体操作步骤如下。

1)打开素材图像"立体字.jpg"素材,如图5-26所示。

2)执行"图像"→"调整"→"色彩平衡"命令,弹出"色彩平衡"对话框,依次设置各参数值为100、100、-100,单击"确定"按钮,即可通过"色彩平衡"命令调整图像色彩,效果如图5-27所示。

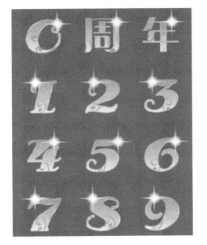

图5-26 "立体字.jpg"素材图像

图5-27 调整"色彩平衡"后的效果

3. 运用"匹配颜色"命令调整色调

匹配颜色

"匹配颜色"命令可以用于匹配一幅或多幅图像之间、多个图层之间或多个选区之间的颜色。使用该命令,可以通过更改亮度和色彩范围,以及中间色调来统一图像色调。具体操作步骤如下。

1)打开素材图像"枫叶.jpg"素材,如图5-28所示。

2)执行"图像"→"调整"→"匹配颜色"命令,弹出"匹配颜色"对话框,设置"明亮度"为200,"颜色强度"为100,"渐隐"为0,单击"确定"按钮,即可调整图像色调,效果如图5-29所示。

图5-28 "枫叶.jpg"素材图像   图5-29 调整色调后的图像

4. 运用"替换颜色"命令调整色调

替换颜色

"替换颜色"命令可以基于特定的颜色在图像中创建蒙版，再通过设置色相、饱和度和明度值来调整图像的色调。具体操作步骤如下。

1）打开素材图像"鹦鹉.jpg"素材，如图 5-30 所示。

2）执行"图像"→"调整"→"替换颜色"命令，弹出"替换颜色"对话框，单击"吸管工具"按钮 ✍，在图像编辑窗口鹦鹉胸前的橙色区域单击，即可选中相近的颜色区域，再在"替换"选项组中设置"色相"为 30，"饱和度"为 30，"明度"为 0，单击"确定"按钮，即可运用"替换颜色"命令调整图像色调，如图 5-31 所示。

图 5-30 "鹦鹉.jpg"素材图像

图 5-31 替换颜色后的效果

5. 运用"通道混合器"命令调整色调

通道混合器

运用"通道混合器"命令，用户可以根据需要选择不同的输出通道，并通过颜色通道的混合值来修改图像的色调。具体操作步骤如下。

1）打开素材图像"天空.jpg"素材，如图 5-32 所示。

2）执行"图像"→"调整"→"通道混合器"命令，弹出"通道混合器"对话框，设置"输出通道"为"红"，再设置"红色"为 160，"绿色"为 -60，"蓝色"为 0，单击"确定"按钮，即可调整图像色彩，如图 5-33 所示。

图 5-32 "天空.jpg"素材图像

图 5-33 调整通道混合器后的效果

6. 运用"照片滤镜"命令调整色调

照片滤镜

使用"照片滤镜"命令可以模仿镜头前加彩色滤镜的效果，以便通过调整镜头的色彩平衡和色温，使图像产生特定的曝光效果。具体操作步骤如下。

1）打开素材图像"沙滩.jpg"，如图 5-34 所示。

2）执行"图像"→"调整"→"照片滤镜"命令，弹出"照片滤镜"对话框，单击"滤镜"右侧的下拉按钮，在打开的下拉列表框中选择"冷却滤镜（80）"选项，设置"浓度"为30%，单击"确定"按钮，即可调整图像色调，如图5-35所示。

图5-34 "沙滩.jpg"素材图像　　　　　　图5-35 调整色调后的效果

7. 运用"阴影/高光"命令调整色调

"阴影/高光"命令适用于校正由强逆光而形成阴影的照片，或者校正由于太接近闪光灯而有些发白的焦点。在CMYK颜色模式的图像中不能使用该命令。

8. 运用"曝光度"命令调整色调

使用"曝光度"命令可以模拟数码相机内部，对数码照片进行曝光处理，因此，常用于调整曝光不足或曝光过度的图像或照片。

9. 运用"可选颜色"命令调整色调

"可选颜色"命令主要用于校正图像中的色彩不平衡，并调整图像的色彩，它可以在高档扫描仪和分色程序中使用，并有选择性地修改主要颜色的印刷数量，同时不会影响到其他主要颜色。

5.1.5　色彩和色调的特殊调整

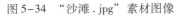

调整图层

通过"黑白""反相""去色"和"色调均化"等命令都可以更改图像中颜色的亮度值，通常这些命令只适用于增强颜色与产生特殊效果，而不用于校正颜色。

1. 运用"黑白"命令调整颜色

"黑白"命令可以将彩色图像转换为具有艺术效果的黑白图像，也可以根据需要将图像调整为不同单色的艺术效果。

2. 运用"反相"命令调整颜色

使用"反相"命令可以对图像中的颜色进行反相，与传统相机中的底片效果相似。具体操作步骤如下。

1）打开素材图像"沙漠风光.jpg"素材，如图5-36所示。

2）执行"图像"→"调整"→"反相"命令（快捷键为〈Ctrl + I〉），即可对图像的颜色进行反相，效果如图5-37所示。

3. 运用"去色"命令调整颜色

"去色"命令就是将彩色图像转换为灰度图像，但图像的原颜色模式保持不变。

图 5-36　"沙漠风光 . jpg"素材图像

图 5-37　进行反相后的效果

4. 运用"色调均化"命令调整颜色

使用"色调均化"命令可以对图像中的整体像素进行均匀提亮，图像的饱和度也会有所增强。具体操作步骤如下。

1）打开素材图像"漓江山水 . jpg"，如图 5-38 所示。

2）执行"图像"→"调整"→"色调均化"命令，效果如图 5-39 所示。

图 5-38　"漓江山水 . jpg"素材图像

图 5-39　调整均化亮度后的图像

5. 运用"渐变映射"命令调整颜色

使用"渐变映射"命令可将相等的图像灰度范围映射到指定的渐变填充色。

5.1.6　案例实现过程

制作怀旧照片，就是将普通彩色照片通过整体色调改变，将多彩色调转换为单色调的过程。制作方法有多种，下面主要使用"渐变"命令、"色阶"命令，以及"亮度/对比度"命令来完成单色调图像的效果。具体操作步骤如下。

案例：单色调怀旧照片的制作

1）在 Photoshop 中打开素材图片"民居 . jpg"，按快捷键〈Ctrl + J〉复制该图层，如图 5-40 所示。

2）执行"图像"→"调整"→"渐变映射"命令，在弹出的"渐变编辑器"对话框中选择自己喜欢的色调（较深）和白色进行渐变映射，如图 5-41 所示。

3）设置渐变映射后，单击"确定"按钮，图像色调即发生变化，变成了单一色调的图像，如图 5-42 所示。

4）按快捷键〈Ctrl + J〉复制该图层，并设置新复制的图层的混合模式为"柔光"，可以看出图像的对比关系加强，如图 5-43 所示。

图5-40　复制图层

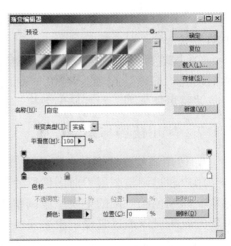

图5-41　设置渐变颜色

图5-42　图像色调改变

图5-43　设置混合模式

5）按快捷键〈Ctrl + E〉向下合并图层，执行"图像"→"调整"→"色阶"命令，弹出"色阶"对话框，在"通道"下拉列表框中分别选择"红"和"蓝"选项，并向左或者向右拖动中间调滑块，如图5-44所示。

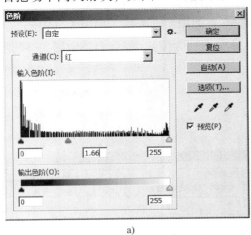

a)

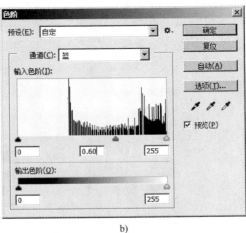

b)

图5-44　对图像色阶进行调整

a）"红"通道中间调调整　b）"蓝"通道中间调调整

6）设置"红"通道和"蓝"通道中的中间调，为图像添加红色与黄色像素，降低图像中的蓝绿像素。

7）接着执行"图像"→"调整"→"亮度/对比度"命令，弹出"亮度/对比度"对话框设置"亮度"选项为 – 20，"对比度"为 + 60。降低图像的亮度，提高对比度，使图像明暗关系更加强烈，衬托破旧效果，如图 5-1b 所示。

5.1.7 应用技巧与案例拓展

1. 使用调整图层调整色彩色调

用户通过调整图层可对图像所使用的颜色和色调进行调整，而不会永久地修改图像中的像素。即颜色和色调的更换位于调整图层内，该图层像一层透明的膜一样，下层图像及其调整后的效果可以透过它显示出来。

调整图层会影响此图层以下的所有图层，这意味着用户可以通过调整单个图层校正整个图层，而不是分别对每个图层进行调整。

现通过一个实例来学习调整图层的使用方法，具体操作步骤如下。

1）打开素材图像"长城.jpg"，如图 5-45 所示。

图 5-45 "长城.jpg"与"图层"面板

2）在 Photoshop 中单击"图层"面板底部的"创建新的填充或调整图层"按钮![icon]，或执行"图层"→"新建调整图层"子菜单中的命令来创建调整图层，如图 5-46 所示。在菜单中选择了合适的命令后（以"色相/饱和度"调整图层为例），将弹出类似图 5-47 所示的对话框。

图 5-46 新建调整图层子菜单

图 5-47 "新建图层"对话框

3）单击"确定"按钮后，在"调整"面板中选择"着色"复选框，设置"色相"为35，"饱和度"为25，"亮度"为0，图像的变化与"图层"面板如图5-48所示。

图5-48　使用"色相/饱和度"调整图层调整图像后的效果及对应的"图层"面板

2. 使用调整图层调整色调的高级技巧

在使用磁性套索工具、魔棒工具等创建选区时，都要求图像的边缘具有较高的对比度或较强的色彩差异，但如果图像的边缘对比度和颜色差异都较弱，就很难创建出理想的选区，此时可以借助调整图层"暂时"提高图像的对比度，以方便创建选区，在选区创建完毕后再将调整图层删除即可。

下面通过一个实例来详细讲述如何通过调整图层来创建选区。具体操作步骤如下。

1）打开素材图像"时尚.jpg"，如图5-49所示。

由于人物边缘轮廓较为规则，并没有过多凌乱的头发等图像，较为简单的方法是使用"魔棒工具"先将背景选中，然后反选，即可将人物分离出来。但是由于当前人物的颜色与背景的颜色较为相近，所以使用"魔棒工具"很难准确进行选择。此时就可以借助于提高图像的亮度来突出显示图像的边缘，以便选择。

2）单击"创建新的填充或调整图层"按钮 ，在打开的下拉列表框中选择"亮度/对比度"选择，设置"调整"面板如图5-50所示，以提亮图像的亮度及对比度，从而显示图像的轮廓。

图5-49　素材图片　　　　　　　　　图5-50　"亮度/对比度"面板

3）经过调整后得到"亮度/对比度"图层，选择"魔棒工具" ，设置其选项栏，如图 5-51 所示，一定要选择"对所有图层取样"复选框，否则魔棒工具 将无视当前调整后的图层效果，而只在当前所选图层范围内创建选区，反复单击选择，直至得到如图 5-52 所示的选区为止。

图 5-51　魔棒工具属性栏

4）按快捷键〈Ctrl + Shift + I〉，执行"反选"命令，然后选择"背景"图层，再按〈Ctrl + J〉组合键，执行"通过拷贝的图层"操作，复制选区内的人物，从而将图像复制至新的图层中，得到"图层 1"图层，此时的"图层"面板如图 5-53 所示。

图 5-52　创建选区

图 5-53　"图层"面板

最后，在确认所选图像已经完成后，即可删除在步骤 2 中创建的调整图层了。

3. 案例拓展：窗帘后的奇幻世界

通过本案例综合掌握对图像进行调色及细节处理的方法，效果如图 5-54 所示，具体操作步骤如下。

案例：窗帘后的奇幻世界

图 5-54　窗帘后的奇幻世界效果

1）启动 Photoshop，按〈Ctrl + N〉组合键，新建一个文档。设置大小为 1024x720 像素，把"墙壁.jpg"素材拖曳进来，然后按〈Ctrl + T〉组合键，调整好大小和位置，如图 5-55 所示。

2）再把"女孩.jpg"素材也拖曳进来，然后按〈Ctrl + T〉组合键调整好大小和位置，如图 5-56 所示。

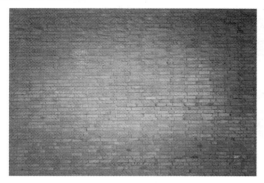

图 5-55 "墙壁.jpg"素材图像

图 5-56 "女孩.jpg"素材图像

3）使用套索工具选择出白色的部分，然后执行"选择"→"修改"→"羽化"命令，设置"羽化"为 1 ～ 2 像素，如图 5-57 所示。然后删除选区中的内容，效果如图 5-58 所示。

图 5-57 选区羽化

图 5-58 选区删除后的效果

4）使用套索工具将人物选中，如图 5-59 所示，按快捷键〈Ctrl + J〉，复制选区，然后删除下层的人物，将人物与窗帘分离，"图层"面板如图 5-60 所示。

图 5-59 人物选区

图 5-60 将人物与窗帘分离

105

5）将"图层 2"图层移动到"图层 1"图层的下方，然后把鼠标指针放到"图层 1"与"图层 2"之间，按〈Alt〉键，完成图层的剪切效果，如图 5-61 所示。

图 5-61　墙壁与窗帘的剪裁效果

6）复制"图层 2"图层并放到墙壁层的上面，然后执行"图像"→"调整"→"去色"命令，效果如图 5-62 所示。再执行"图像"→"调整"→"色阶"命令，在弹出的对话框中设置参数让窗帘对比变得更强烈一些，如图 5-63 所示。

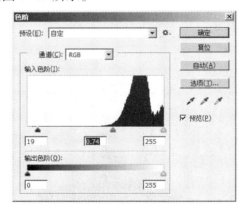

图 5-62　人物选区　　　　　　　　　　　　图 5-63　"色阶"对话框

7）设置混合模式为"叠加"，效果如图 5-64 所示，如果效果不是很明显，再复制一层。混合模式同样是"叠加"，也可再次调整色阶，如图 5-65 所示。

图 5-64　"叠加"混合模式　　　　　　　　图 5-65　再次运用"叠加"混合模式

8）接下来调整一下画面的颜色。执行"图层"→"新建调整图层"→"渐变映射"命令，弹出如图 5-66 所示的对话框，将"渐变映射"图层的混合模式设置为"柔光"，如图 5-67 所示。

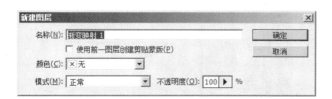

图 5-66　"渐变映射"对话框

图 5-67　设置为"柔光"模式

9）执行"图像"→"新建调整层"→"照片滤镜"命令，在弹出的对话框中设置"颜色"为橙色，"浓度"为 60%，如图 5-68 所示。

10）执行"图像"→"新建调整层"→"色相/饱和度"命令，在弹出的对话框中设置"饱和度"为 −20，"图层"面板如图 5-69 所示。

图 5-68　"渐变映射"对话框

图 5-69　"图层"面板

11）打开"风景.jpg"素材图片，如图 5-70 所示，将其拖动到"背景"图层上面，如图 5-71 所示。

图 5-70　"风景.jpg"素材图片

图 5-71　风景作为背景后的效果

12）执行"图像"→"调整"→"色相/饱和度"命令，在弹出的对话框中设置参数，如图5-72所示，使其与墙壁更接近，效果如图5-73所示。

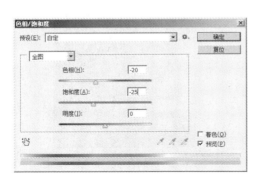

图5-72　"色相/饱和度"对话框

图5-73　调整色相/饱和度后的效果

13）在最上方新建一个图层，然后使用"渐变工具"绘制如图5-74所示的渐变效果。设置混合模式为"正片叠底"，"不透明度"为80%，效果如图5-75所示。

图5-74　创建渐变图层

图5-75　设置混合模式为"正片叠底"后的效果

14）按〈Ctrl + Shift + Alt + E〉组合键，盖印一个图层，然后执行"滤镜"→"模糊"→"高斯模糊"命令，在弹出的对话框中设置"模糊"为10像素。设置图层混合模式为"滤色"，"不透明度"为60%，效果如图5-54所示。

5.2　小结

本章主要介绍了Photoshop中各种色彩与色调的调整功能，先从理论基础部分讲解了颜色的基本属性、图像颜色的分布、图像色调的调整和图像色彩的调整等知识，再通过各个实例的详解对每种色彩调整的方法或功能进行了逐步分析，从而让用户更加清楚地掌握各个技巧的使用方法。

5.3 项目作业

1. 根据提供的素材图片，如图 5-76 所示，使用色彩色调调整的方法改变素材图片中汽车的颜色（蓝色修改为红色），修改后的效果如图 5-77 所示。

图 5-76　修改前的蓝色汽车　　　　　　　　图 5-77　修改后的红色汽车

制作思路：选择汽车选区，使用"创建新的填充或调整图层"按钮 执行"纯色"填充命令，填充红色，然后设置该图层的混合模式为"色相"。

2. 调整曝光不足的照片效果，素材如图 5-78 所示，调整后的效果如图 5-79 所示。

图 5-78　修改前的图像　　　　　　　　图 5-79　修改后的图像

制作思路：通过调整照片的色阶来提高亮度，再调整"色相/饱和度"，以进一步调整图像的颜色。

第6章 路径与矢量图形工具的应用

6.1 案例1：制作卡通趣味铅笔

生活是平淡的，要学会创造有趣的生活，而卡通是喜庆的名片，是增添生活趣味性的最佳选择。因此，卡通形象备受企业的青睐，常常被作为产品推销的第一选择。那么，如何设计和制作良好的卡通图像呢？本案例将通过 Photoshop 的矢量工具制作一支卡通趣味铅笔来展示路径工具的使用方法与技巧，案例效果如图6-1所示。

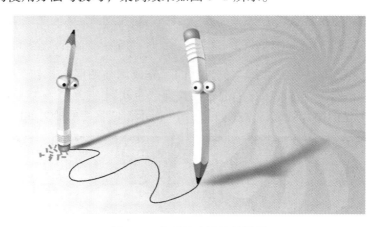

图6-1 卡通趣味铅笔效果图

Photoshop 以编辑和处理位图著称，它也具有矢量图形软件的某些功能，它可以使用路径功能对图像进行编辑和处理。该功能主要用于对图像进行区域选择或辅助抠图、绘制平滑和精细的图形、定义画笔等工具的绘制痕迹、输出/输入路径，以及与选区之间的转换等领域。

本节将通过制作卡通趣味铅笔案例来学习路径工具的基本使用方法和技巧，本案例主要涉及钢笔工具、路径选择工具和图形工具组等的使用。

6.1.1 路径概述

路径是由一个或多个直线段和曲线段组成的。锚点是用于标记路径的端点。在曲线段上，每个选中的锚点显示一条或两条"方向线"，方向线的结束点称为方向点。方向线和方向点的位置共同决定了曲线段的大小和形状。移动这些元素将改变路径中曲线的形状，如图6-2所示。

路径可以是闭合的，没有起点或终点（如圆形路径），也可以是开放的，有明显的终点（如波浪线路径）。平滑曲线路径由名为平滑点的锚点连接，锐化曲线路径由角点连接，如

图 6-3 所示。

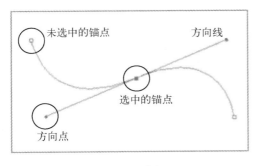

图 6-2　路径

图 6-3　平滑点和角点

　　在平滑点上移动方向线时，将同时调整平滑点两侧的曲线段，相比之下，在角点上移动方向线时，只调整与方向线同侧的曲线段，如图 6-4 所示。

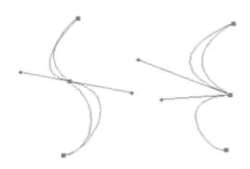

图 6-4　调整平滑点和角点

6.1.2　路径的基本使用

　　路径的基本使用主要是针对钢笔工具组的使用，钢笔工具组位于 Photoshop 的工具箱中，默认情况下，其图标呈现为"钢笔图标"，在此图标上单击并停留片刻，系统将会弹出隐藏的工具组，如图 6-5 所示。按照功能可分为 5 种工具。

路径的
基本使用

图 6-5　钢笔工具组

1. 钢笔工具

　　在 Photoshop 中，钢笔工具用于绘制直线、曲线、封闭的或不封闭的路径，并可在绘制路径的过程中对路径进行简单的编辑。当选择"钢笔工具" 时，其选项栏如图 6-6 所示，其中各选项的含义如下。

图 6-6　"钢笔工具"的选项栏

选择工具模式：主要包括形状模式、路径模式和像素模式 3 种类型。

路径操作工具：主要包括路径操作、路径对齐方式和路径排列方式 3 个按钮工具。

在本节中，由于需要绘制的是路径，所以应该选择"路径"模式。

当绘制直线路径时，只需要选择"钢笔工具"，在其选项栏中选择"路径"模式，然后通过顺次单击就可以绘制出来。如果要绘制直线或 45°斜线，则在按住〈Shift〉键的同时单击即可，如图 6-7 所示。当绘制曲线路径时，只需要选择"钢笔工具"，在其选项栏中选择"路径"模式，然后在绘制起点按下鼠标左键后不要松手，向上或向下拖动出一条方向线后松开鼠标左键，然后在第二个锚点拖动出一条向上或向下的方向线，如图 6-8 所示。

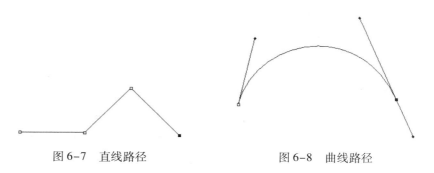

图 6-7　直线路径　　　　　　　　　　图 6-8　曲线路径

如果选择"自动添加/删除"复选框，则可以方便地添加和删除锚点。

2. 自由钢笔工具

自由钢笔工具可用于随意绘图，就像用钢笔在纸上绘图一样。自由钢笔工具在使用上与选框工具组中的"套索工具"基本一致，只需在图像上创建一个初始点后，即可随意拖动鼠标进行徒手绘制路径，绘制过程中路径上不添加锚点。

3. 添加锚点工具和删除锚点工具

添加锚点工具和删除锚点工具用于根据需要增加或删除路径上的锚点。选择"删除锚点工具"，当光标移至路径轨迹处时，光标自动变成删除锚点工具，单击该锚点（如图 6-9 所示的被圈住的锚点），即可删除它，删除该锚点后形成的路径如图 6-10 所示。

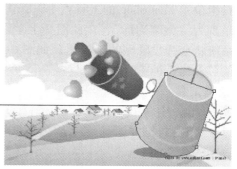

图 6-9　删除锚点前的路径　　　　　　图 6-10　删除锚点后的路径

4. 转换点工具

转换点工具用于调整某段路径控制点的位置，即调整路径的曲率。在使用"钢笔工具"

"添加锚点工具"或"删除锚点工具"得到一组由多条线段组成的多边形路径后，要消除多边形的顶点，如图6-11所示，使路径光滑，只需要选取此工具，然后在图像路径的某点处拖动，即可进行节点曲率的调整，如图6-12所示。

| 图6-11　多边形路径 | 图6-12　转换为平滑曲线 |

6.1.3　案例实现过程

案例实现要点：先用钢笔工具绘制路径，并旋转复制路径，制作背景图案；再用钢笔工具绘制路径，制作卡通铅笔。本案例主要介绍如何绘制卡通趣味铅笔的过程，具体操作步骤如下。

案例：卡通趣味铅笔制作

1）启动 Photoshop 软件，执行"文件"→"新建"命令，新建一个"宽度"为 1700 像素，"高度"为 1000 像素，"分辨率"为 72 像素/英寸，"颜色模式"为 RGB 的文档。

2）新建"图层 1"图层，选择"渐变工具"，设置前景色为蓝色（53b3d2），背景色为白色，选择"线性渐变"选项，从图像的右上方至左下方绘制渐变，效果如图 6-13 所示。

3）单击工具箱中的"钢笔工具"按钮，绘制花朵，在画布中绘制一个花瓣形状的闭合路径，效果如图 6-14 所示。

图 6-13　填充渐变　　　　　　　　　　　　图 6-14　绘制路径

4）路径绘制完成后，按〈Ctrl + Alt + T〉组合键，对其应用变换复制，将旋转中心调整到左下角的变换点，如图 6-15 所示。

5）在选项栏的"角度"文本框中输入旋转的角度为 20，按〈Enter〉键确定旋转。

6）按〈Shift + Ctrl + Alt + T〉组合键，将路径旋转复制多份，如图 6-16 所示，效果如图 6-17 所示。

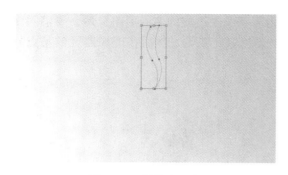

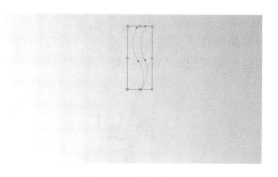

图 6-15　调整中心点　　　　　　　　　　　　图 6-16　复制路径

7）路径复制完成后，单击工具箱中的"路径选择工具"按钮，将所有路径选中。然后按〈Ctrl + T〉组合键，对其执行"自由变换"操作，将其适当地缩小并置于画布的中央，效果如图 6-18 所示，调整完成后按〈Enter〉键确定变换。

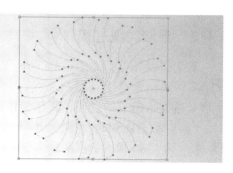

图 6-17　复制并旋转后的效果　　　　　　　图 6-18　调整路径位置

8）按〈Ctrl + Enter〉组合键，将路径载入选区。新建一个图层并填充为白色，效果如图 6-19 所示。

9）按〈Ctrl + D〉组合键，取消选区。然后按〈Ctrl + T〉组合键，将其适当放大并置于画布的右上角，并设置该图层的"不透明"度为 30%，设置图层混合模式为"柔光"，效果如图 6-20 所示。

图 6-19　路径转换为选区　　　　　　　　　图 6-20　图层调整位置后的效果

10）按〈Ctrl + J〉组合键，将其复制一层。然后按〈Ctrl + T〉组合键，对其执行"自由变换"操作，右击变换区域，在弹出的快捷菜单中选择"旋转 180 度"命令，然后将其适当缩小并置于画布的左下角，调整后的效果如图 6-21 所示。

11）单击工具箱中的"钢笔工具"按钮，在画布的中央绘制铅笔笔杆形状的闭合路径，效果如图 6-22 所示。

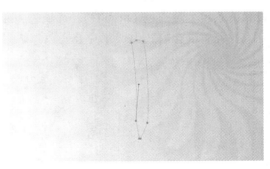

图 6-21　复制并调整图层后的背景效果　　　　　图 6-22　绘制铅笔路径

12）按〈Ctrl + Enter〉组合键，将路径载入选区。新建一个图层，设置前景色为黄色（ffff2f），按〈Alt + Delete〉组合键，用前景色填充，效果如图 6-23 所示。

13）新建一个图层，设置前景色为黑色。单击工具箱中的"画笔工具"按钮，设置合适的画笔大小，用画笔绘制黑色的铅笔笔头，效果如图 6-24 所示。

图 6-23　复制并旋转后的效果　　　　　图 6-24　绘制铅笔笔头

14）按〈Ctrl + D〉组合键，取消选区。单击工具箱中的"钢笔工具"按钮，在铅笔笔杆上绘制削铅笔形状的闭合路径，效果如图 6-25 所示。

15）按〈Ctrl + Enter〉组合键，将路径载入选区。新建一个图层，设置前景色为咖啡色（996633），按〈Alt + Delete〉组合键，用前景色填充，效果如图 6-26 所示。

图 6-25　绘制铅笔笔头木质选区路径　　　　　图 6-26　填充木质选区后的效果

16）单击工具箱中的"钢笔工具"按钮 ，在铅笔笔杆上绘制闭合路径，制作铅笔笔身的另一面，效果如图 6-27 所示。

17）按〈Ctrl + Enter〉组合键，将路径载入选区。新建一个图层，选择"渐变工具"，设置前景色为黄黑色（bea603），背景色为深黄色（a28e02），从铅笔底部至顶部绘制线性渐变，并设置混合模式为"正片叠底"，效果如图 6-28 所示。

图 6-27　绘制铅笔另一面的路径

图 6-28　填充颜色后的效果

18）单击"图层"面板底部的"添加图层蒙版"按钮，为其添加蒙版。然后单击工具箱中的"画笔工具"按钮，在其选项栏中选择柔角类的画笔，设置合适的不透明度。设置前景色为黑色，在笔身上部进行涂抹，制作出反光效果，效果如图 6-29 所示。

19）新建一个图层。选择"椭圆选框工具"，绘制一个圆形选区，设置前景色为白色，按〈Alt + Delete〉组合键，用前景色填充。单击"添加图层样式"按钮，在打开的下拉列表框中选择"内阴影"选项，设置"不透明度"为 40%，"距离"为 6 像素，"大小"为 20 像素，效果如图 6-30 所示。

图 6-29　为笔杆制作的反光效果

图 6-30　添加"内阴影"图层样式后的效果

20）新建一个图层。设置前景色为橙色（ffff45），背景色黄黑色（bea701），在圆形选区中绘制从左侧到右侧的线性渐变，按〈Ctrl + D〉组合键，取消选区。单击工具箱中的"钢笔工具"按钮，绘制闭合路径，效果如图 6-31 所示。

21）按〈Ctrl + Enter〉组合键，将路径载入选区。按〈Delete〉键，删除选区中的内容，单击"添加图层样式"按钮，在打开的下拉列表框中选择"内阴影"选项，在弹出的对话框中进行设置，如图 6-32 所示，单击"确定"按钮，效果如图 6-33 所示。

22）新建图层。设置前景色为黑色，使用椭圆工具绘制眼珠形状，然后用黑色填充，效果如图 6-34 所示。

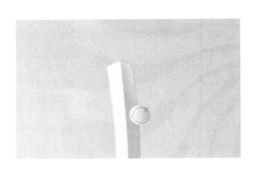

图6-31 绘制路径

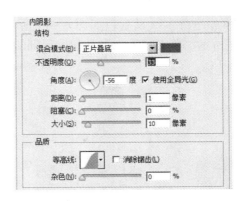

图6-32 "图层样式"对话框中的"内阴影"样式

图6-33 添加"内阴影"图层样式后的效果

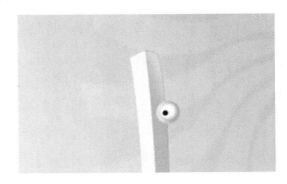

图6-34 绘制眼珠

23）然后使用相同的方法绘制另一只眼睛，效果如图6-35所示。

24）新建一个图层。使用"画笔工具"绘制眼睛的阴影部分，并将阴影图层调整到所有眼睛图层的下方，效果如图6-36所示。

图6-35 绘制另一只眼睛

图6-36 添加眼睛的阴影效果

25）单击工具箱中的"钢笔工具"按钮，绘制笔帽部分的闭合路径，效果如图6-37所示。

26）按〈Ctrl + Enter〉组合键，将路径载入选区。新建一个图层，选择"渐变工具"，在其选项栏中单击"点按可编辑渐变"按钮，弹出"渐变编辑器"对话框，参数设置如图6-38所示。在选区中填充线性渐变，效果如图6-39所示。

27）单击"添加图层样式"按钮，在打开的下拉列表框中选择"投影"选项，在弹出的对话框中进行参数设置，如图 6-40 所示。选择"斜面和浮雕"复选框，参数设置如图 6-41 所示，单击"确定"按钮，得到的效果如图 6-42 所示。

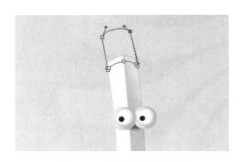

图 6-37　绘制笔帽的效果

图 6-38　设置渐变参数

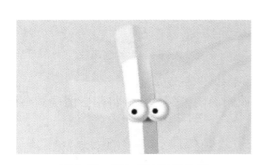

图 6-39　添加渐变后的效果

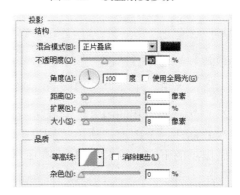

图 6-40　设置"投影"样式

图 6-41　设置"斜面和浮雕"样式

图 6-42　添加样式后的效果

28）单击工具箱中的"钢笔工具"按钮 ✏️，继续绘制笔帽装饰部分的闭合路径，效果如图 6-43 所示。

29）按〈Ctrl + Enter〉组合键，将路径载入选区。新建一个图层，设置前景色为灰色（e2e2e2），按〈Alt + Delete〉组合键，用前景色填充。单击"添加图层样式"按钮 *fx*，在打开的下拉列表框中选择"内阴影"选项，在弹出的对话框中进行参数设置，如图 6-44 所示。选择"斜面和浮雕"复选框，参数设置如图 6-45 所示。得到的效果如图 6-46 所示。

图 6-43　复制并旋转后的效果

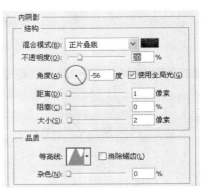

图 6-44　设置"内阴影"效果

图 6-45　设置"斜面和浮雕"样式

图 6-46　添加样式后的效果

30）单击工具箱中的"减淡工具"按钮，在笔帽的上方进行涂抹，得到高光部分，效果如图 6-47 所示。

31）单击工具箱中的"钢笔工具"按钮 ✏️，继续绘制橡皮擦部分的闭合路径，效果如图 6-48 所示。

32）按〈Ctrl + Enter〉组合键，将路径载入选区。新建一个图层，选择"渐变工具"，在其选项栏中单击"点按可编辑渐变"按钮，弹出"渐变编辑器"对话框，参数设置如图 6-49 所示。在选区中填充径向渐变，并把橡皮擦图层调到笔帽的下面，效果如图 6-50 所示。

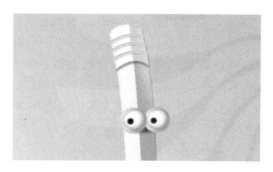

图 6-47　为笔帽增加高光后的效果

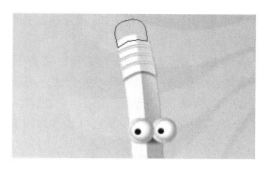

图 6-48　绘制橡皮擦路径

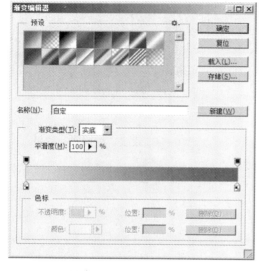

图 6-49　设置渐变参数

图 6-50　橡皮擦效果

33）单击工具箱中的"钢笔工具"按钮 ，继续绘制阴影部分的闭合路径，如图 6-51 所示。新建一个图层。按〈Ctrl + Enter〉组合键，将路径载入选区，并按〈Shift + F6〉组合键羽化选区，设置"羽化半径"为 7，然后用灰色（787878）将其填充。之后取消选区，执行"滤镜"→"模糊"→"动感模糊"命令，对阴影进行模糊处理，设置"距离"为 95，效果如图 6-52 所示。

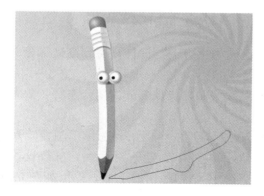

图 6-51　铅笔的阴影路径

图 6-52　铅笔的阴影

34）使用相同的方法绘制另一支铅笔的形状，效果如图6-53所示。

35）新建一个图层，单击工具箱中的"钢笔工具"按钮，绘制开放路径，然后在"路径"面板中单击"用画笔描边路径"按钮，效果如图6-54所示。

图6-53　绘制另一支铅笔

图6-54　绘制路径并描边

36）新建一个图层。单击工具箱中的"画笔工具"按钮，在其选项栏中选择方形画笔，在"画笔"面板中设置合适的参数，绘制橡皮碎屑，最终效果如图6-1所示。

6.1.4　应用技巧与案例拓展

1. 钢笔工具的使用技巧

技巧1：使用路径相关工具绘制时按住〈Ctrl〉键，光标会暂时变成路径选取工具。

技巧2：按住〈Alt〉键后单击"路径"面板上的垃圾桶图标，可以直接删除路径。

技巧3：单击"路径"面板上的空白区域可关闭所有路径的显示。

技巧4：在单击"路径"面板下方的几个按钮（用前景色填充路径、用前景色描边路径、将路径作为选区载入）时，按住〈Alt〉键可以看见一系列可用的工具或选项。

技巧5：如果需要移动整条或多条路径，请选择所需移动的路径，然后按快捷键〈Ctrl + T〉，就可以拖动路径至任何位置。

技巧6：在勾勒路径时，最常用的操作还是单像素勾勒线条，但此时会出现锯齿，很影响设计效果，此时不妨先将路径转换为选区，然后对选区进行描边处理，同样可以得到原路径的线条，同时可以消除锯齿。

技巧7：使用钢笔工具制作路径时，按住〈Shift〉键可以强制路径或方向线成水平、垂直或45°角的倍数；按住〈Ctrl〉键可暂时切换为路径选取工具；按住〈Alt〉键将笔形光标在黑色锚点上单击可以改变方向线的方向，使平滑曲线变为折线；按住〈Alt〉键并用路径选取工具单击路径，会选取整个路径；要同时选取多个路径，可以按住〈Shift〉键后逐个单击；使用路径选取工具时，按住〈Ctrl + Alt〉组合键移近路径，会切换到添加锚点与删除锚点工具。

技巧8：若要切换路径是否显示，可以按住〈Shift〉键后在"路径"面板的路径栏上单击，或者在"路径"面板的灰色区域单击，即可取消显示路径，还可以按〈Ctrl + Shift + H〉组合键来完成切换。若要在"颜色"面板上直接切换色彩模式，可先按住〈Shift〉键后，再将光标移到色彩条上单击。

2. 案例拓展：名片的设计与制作

在设计商业名片时，要考虑与公司VI系统设计的统一，要根据企业规定的标准色、Logo、中英文名称和标准字体来进行设计，名片的界面既要体现出行业特点，又能代表企业的形象。本案例是为淮安信息职业技

案例：名片的制作

术学院刘万辉老师设计的名片，该名片使用该院的标准色"科技蓝"为主色调，以流线形打破了名片矩形的呆板界面，显得生动活泼。

在这个名片的制作中，需要掌握的技术有选区与路径的转换、钢笔工具的使用、路径的调节，以及对图层概念的理解。本案例的最终效果如图6-55所示。

图6-55　名片效果

具体实现步骤如下。

1）启动Photoshop软件，新建一个文件，设置"名称"为"名片"，"宽度"为9 cm，"高度"为5 cm，"颜色模式"为CMYK，单击"确定"按钮，完成文件的创建。

2）新建一个"图层1"图层，在工具箱中单击"钢笔工具"按钮✐，绘制路径，如图6-56所示。

3）将前景色设置为深蓝色（1256a0），按〈Ctrl + Enter〉组合键，将路径载入选区，然后按〈Alt + Delete〉组合键，填充前景色，按〈Ctrl + D〉组合键，取消选区，效果如图6-57所示。

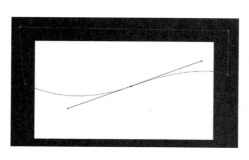

图6-56　绘制路径

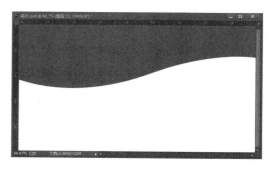

图6-57　填充路径区域为蓝色

4）新建一个"图层2"图层，执行"编辑"→"变换路径"→"扭曲"命令，对路径进行调整。在工具箱中单击"路径选择工具"按钮▶，对路径做细节调整，如图6-58所示。

5）将前景色设置为橙色（f3a51a），按〈Ctrl + Enter〉组合键，将路径载入选区，然后按〈Alt + Delete〉组合键，填充前景色，按〈Ctrl + D〉组合键，取消选区，将"图层2"调整到"图层1"的下方，如图6-59所示。

6）在名片的底部使用"矩形选框工具"绘制一个高度为1 mm的矩形选区，并用和顶部一样的颜色进行填充。然后将院标和院名图片打开，将其复制到绘图区中，并进行适当的调整。输入学院的网址和其他有关信息，并再次进行适当的调整，保存文档。最终效果如图 6-55 所示。

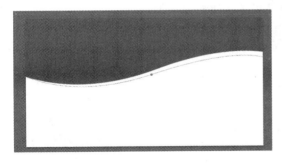 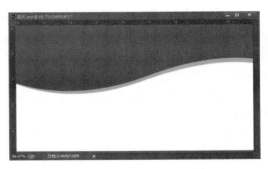

图 6-58　调整路径　　　　　　　　　　图 6-59　填充路径区域为橙色

6.2　案例 2：制作音乐图标

在 Photoshop 中绘图时，经常要创建矢量形状和路径。矢量形状是使用形状工具或钢笔工具绘制的形状或曲线。各种形状的轮廓即是路径，通过编辑路径上的锚点，可以很方便地改变路径的形状。本节将通过音乐图标效果这一案例来学习形状工具的基本使用方法和技巧，案例中主要用到了椭圆工具、圆角矩形工具和路径的运算等。

本案例就是利用 Photoshop 的矢量图形工具制作一款精美的音乐图标，其效果如图 6-60 所示。

图 6-60　音乐图标

6.2.1　形状工具组

右击工具箱中的"矩形工具"按钮，会弹出隐藏的形状工具组，如图 6-61 所示。下面以"椭圆工具"和"多边形工具"为例对形状工具组的使用方法进行详细介绍。

1. 椭圆工具

在工具箱中单击"椭圆工具"按钮后，在其选项栏中单击"几何选

椭圆工具

项"下拉按钮，将弹出"椭圆选项"面板，在该面板上可以对椭圆工具的一些参数进行设置，如图 6-62 所示。其中各选项的含义如下。

"不受约束"：默认选项，完全根据鼠标的拖动决定椭圆的大小。

"圆"：选择该单选按钮，可绘制正圆形。

"固定大小"：选择该单选按钮，可绘制指定尺寸的矩形，在后面的 W 和 H 文本框中可输入需要的长宽尺寸。

"比例"：选择该单选按钮，可绘制指定长宽比例的矩形，在后面的 W 和 H 文本框中可输入需要的长宽比例。

多边形工具

"从中心"：选择该复选框，可将鼠标拖动的起点作为矩形的中心点。

利用这些选项，就可以方便而准确地创建一些特殊的椭圆形。

2. 多边形工具

"多边形工具"的选项栏中有一个"边"参数，用于设置所绘制多边形的边数，默认值为 5。该工具的"多边形选项"面板如图 6-63 所示。

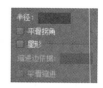

图 6-61　形状 工具组　　　　图 6-62　"椭圆选项"面板　　　图 6-63　"多边形选项"面板

其中各选项的含义如下。

"半径"：用于设置多边形的中心点到各顶点的距离。

"平滑拐角"：选择该复选框，可将多边形的顶角设置为平滑效果。

"星形"：选择该复选框，可将多边形的各边向内凹陷，从而形成星形。

"缩进边依据"：若选择"星形"复选框，可在该文本框中设置星形的凹陷程度。

"平滑缩进"：选择该复选框，可采用平滑的凹陷效果。

6.2.2　创建矢量图形并编辑

要绘制矢量图形，先在工具箱中设置好前景色，然后打开工具箱中的矩形工具组，选择某种工具，例如"矩形工具"，然后在选项栏中的选择工具模式中选择"形状"模式。

自定义工具

在画布上按住鼠标左键并拖动，即可创建矢量图形。单击选项栏中的设置形状填充类型和形状描边类型，可设置填充的颜色和描边的颜色。在"图层"面板中可以看到新建了一个图层，这个图层就是形状图层。如果要将矢量形状转换为位图，可以选中形状图层，然后执行"图层"→"栅格化"→"形状"命令进行转换。

形状是链接到矢量蒙版的填充图层。通过编辑形状的填充图层，很容易将填充更改为其他颜色、渐变或图案。也可以编辑形状的矢量蒙版以修改形状轮廓，并对图层应用样式，常用的修改编辑操作如下。

- 要更改形状颜色，可双击"图层"面板中的颜色缩览图，然后用拾色器选取一种不同的颜色。

- 要修改形状轮廓，可使用工具箱中的"直接选择工具"或"钢笔工具"更改形状。
- 要使用渐变或图案来填充形状，可在"图层"面板中选择形状图层，然后单击"添加图层样式"按钮，在打开的下拉列表框中选择"渐变叠加"选项，并在弹出的"图层样式"对话框中设置"渐变"为"色谱"渐变，最后单击"确定"按钮。

6.2.3 路径运算

在平面设计过程中，经常需要创建较复杂的路径，利用路径运算功能可将多个路径进行相加、减和相交等运算。

创建一个形状图形后，启用不同的运算方式功能，会产生不同的运算结果，如图6-64所示。

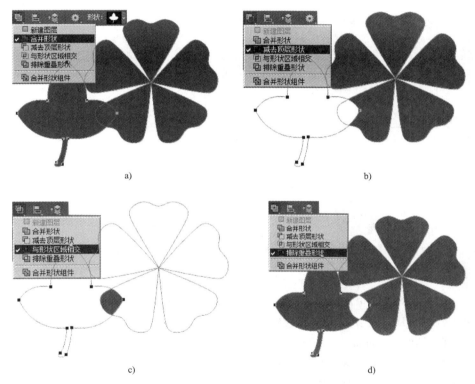

a)   b)

c)   d)

图 6-64　路径运算效果

a）两条路径相加效果　b）两条路径相减效果　c）两条路径相交效果　d）两条路径相交以外效果

6.2.4 案例实现过程

本案例的实现要点在于先在形状图层模式下绘制不同的矢量图形，再利用路径运算创建复杂的图形路径。下面将介绍如何使用形状工具及路径运算来制作各种图形，具体操作步骤如下。

1）启动 Photoshop，执行"文件"→"新建"命令，新建一个"宽度"为800像素，"高度"为600像素，"分辨率"为72像素/英寸，"颜

案例：音乐
图标制作

色模式"为 RGB 的文档。

2）新建"图层 1"图层，单击工具箱中的"椭圆工具"按钮，选择"形状"模式，设置前景色为蓝色（357ad1），按住〈Shift〉键，在画布中绘制正圆形区域，效果如图 6-65 所示。

3）继续使用"椭圆工具"，选择"路径"模式，在画布中绘制两个相交的正圆路径，效果如图 6-66 所示。选中两个相交路径，选择选项栏中的交叉形状区域，单击"组合"按钮，效果如图 6-67 所示。

4）按〈Ctrl + Enter〉组合键，将路径载入选区，按〈Shift + F6〉组合键，弹出"羽化"对话框，设置"羽化半径"为 2 像素。新建一个图层，单击工具箱中的"渐变工具"按钮，单击"点按可编辑渐变"按钮，弹出"渐变编辑器"对话框，设置从白色到黑色的渐变，把黑色的"不透明度"设置为 0。在选区中填充线性渐变，并设置混合模式为"明度"，效果如图 6-68 所示。

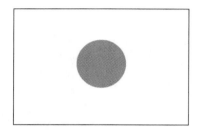

图 6-65　绘制正圆

图 6-66　绘制相交路径

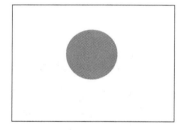

图 6-67　组合交叉路径

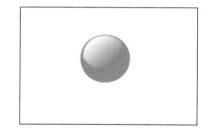

图 6-68　填充渐变色

5）按〈Ctrl + D〉组合键，取消选区。单击工具箱中的"椭圆工具"按钮，选择"形状"模式，设置前景色为蓝色（208bfa），在圆形区域内绘制音乐图标的眼睛，按住〈Shift〉键绘制一个正圆，得到的效果如图 6-69 所示。

6）新建一个图层，选择"渐变工具"，单击"点按可编辑渐变"按钮，弹出"渐变编辑器"对话框，设置从白色到蓝色的渐变。继续使用"椭圆工具"，选择"路径"模式，按住〈Shift〉键绘制正圆作为眼白。按〈Ctrl + Enter〉组合键，将路径载入选区，填充径向渐变，效果如图 6-70 所示。

图 6-69　绘制眼睛

图 6-70　填充渐变色

7）按〈Ctrl + D〉组合键，取消选区。继续使用"椭圆工具"，选择"形状"模式，绘制音乐图标的黑色眼球及眼球高光，效果如图 6-71 所示。

8）选择绘制好的音乐图标的眼睛，链接这些图层，并对其进行复制得到另外一只眼睛，将其放在合适的位置，效果如图 6-72 所示。

图 6-71　绘制眼球及眼球高光

图 6-72　绘制另一只眼睛

9）选择"椭圆工具"，选择"路径"模式，在画布中绘制两个正圆路径，选中两个路径，选择选项栏中的"重叠形状区域除外"，单击"组合"按钮，效果如图 6-73 所示。

10）按〈Ctrl + Enter〉组合键，将路径载入选区，得到一个不规则的圆环图形。新建一个图层，选择"渐变工具"，单击"点按可编辑渐变"按钮，弹出"渐变编辑器"对话框，设置从无色到浅蓝色的渐变。在选区中填充线性渐变，效果如图 6-74 所示。

图 6-73　绘制两个路径

图 6-74　填充渐变色

11）按〈Ctrl + D〉组合键，取消选区。单击工具箱中的"钢笔工具"按钮，为音乐图标绘制嘴巴，使用"直接选择工具"对路径进行细致调整。按〈Ctrl + Enter〉组合键，将路径载入选区，新建一个图层，设置前景色为浅蓝色（76cfe2），背景色为深蓝色（0b4eab），填充线性渐变，效果如图 6-75 所示。

12）按〈Ctrl + D〉组合键，取消选区。再按〈Ctrl + J〉组合键，复制嘴巴图形，将其缩小作为嘴巴的投影部分，并更改渐变色，设置渐变色为从深蓝色（021855）到蓝色（085fd9）的线性渐变，效果如图 6-76 所示。

图 6-75　绘制嘴巴

图 6-76　绘制嘴巴阴影

13）按〈Ctrl + D〉组合键，取消选区。单击工具箱中的"圆角矩形工具"按钮，设置圆角半径为 10 像素。新建一个图层，选择"渐变工具"，设置渐变色为从灰色（d4d4d4）到白色的线性渐变。按〈Ctrl + Enter〉组合键，将路径载入选区，填充线性渐变，效果如图 6-77 所示。

14）单击工具箱中的"椭圆工具"按钮 ⬤，选择"路径"模式，在画布中绘制两个正圆路径，选中两个路径，选择选项栏中的"重叠形状区域除外"，单击"组合"按钮，得到一个圆环图形，效果如图 6-78 所示。按〈Ctrl + Enter〉组合键，将路径载入选区。新建一个图层，设置前景色为黑色，用前景色填充，并调整图层位置，效果如图 6-79 所示。

图 6-77　绘制牙齿　　　　　　　　　图 6-78　绘制圆环图形

15）下面为音乐图标的耳麦添加高光。选择"钢笔工具"，绘制高光路径按〈Ctrl + Enter〉组合键，将路径载入选区，填充从灰色到白色的渐变，然后取消选区，效果如图 6-80 所示。

图 6-79　绘制耳麦　　　　　　　　　图 6-80　绘制耳麦高光

16）选择"圆角矩形工具"，选择"路径"模式，设置圆角半径为 20 像素，在画布中绘制路径，得到音乐图标耳麦部分。按〈Ctrl + Enter〉组合键，将路径载入选区，新建一个图层，填充从黑色到深蓝色的渐变，再取消选区，效果如图 6-81 所示。

17）选择"钢笔工具"，选择"路径"模式，在音乐图标的左侧继续绘制耳麦部分。按〈Ctrl + Enter〉组合键，将路径载入选区，新建一个图层，填充从浅蓝色（9bd6f5）到蓝色（2246a6）的线性渐变，之后取消选区，效果如图 6-82 所示。

图 6-81　绘制耳麦填充渐变　　　　　图 6-82　绘制耳麦左侧部分填充渐变

18）选择"钢笔工具"，选择"路径"模式，在耳麦的左侧绘制高光区域，按〈Ctrl + Enter〉组合键，将路径载入选区，新建一个图层，填充从白色到黑色透明的线性渐变，取消选区，效果如图 6-83 所示。

19）选择绘制好的音乐图标左侧耳麦的相关图层，对这些图层链接图层，并对其进行复制，执行"编辑"→"变换"→"水平翻转"命令，得到耳麦的右侧部分，将其放在合适的位置，效果如图 6-84 所示。

图 6-83　绘制耳麦高光　　　　　　图 6-84　绘制耳麦右侧部分

20）把"背景"图层隐藏，选中所有图层并进行链接，将其适当缩放并旋转其角度。按〈Ctrl + Shift + Alt + E〉组合键，盖印所有可见图层。执行"编辑"→"变换"→"垂直翻转"命令，将其移到合适的位置。再次显示"背景"图层，效果如图 6-85 所示。

21）选择盖印图层，设置图层的"不透明度"为 30%，效果如图 6-86 所示。

图 6-85　盖印图层　　　　　　图 6-86　绘制音乐图标的倒影

22）制作背景。在"背景"图层上方新建一个图层，设置前景色为绿色（40c701），用前景色填充。选择"钢笔工具"，选择"路径"模式，绘制路径。按〈Ctrl + Enter〉组合键，将路径载入选区，填充深绿色（409702），效果如图 6-87 所示。

23）最后选择"钢笔工具"，选择"路径"模式，绘制几条路径，效果如图 6-88 所示。按〈Ctrl + Enter〉组合键，将路径载入选区，填充深绿色（409702），并设置"外发光"效果，最终效果如图 6-60 所示。

图 6-87　制作背景　　　　　　图 6-88　绘制路径

6.3　小结

本章主要介绍了 Photoshop 中矢量工具的使用方式与方法。通过本章的学习，用户可以学会如何使用路径创建图形，以及如何使用路径编辑工具对路径进行编辑。应注意使用路径和其他工具的转换功能，尤其是路径与选区的转换，可以通过路径的编辑制作出精密的选区。

6.4 项目作业

1. 使用路径工具绘制"盛大开业"四个字的艺术字效果，如图 6-89 所示。
2. 使用路径工具绘制矢量人物插画，如图 6-90 所示。

图 6-89 "盛大开业"艺术字效果　　　　图 6-90 矢量人物插画

第7章　通道的应用

7.1　案例1：国画书法作品的合成

在设计和创意与中国文化有关的作品时，毛笔书法文字是常用的设计元素。多数设计师的素材均来自扫描摄影作品，大多数情况下这些扫描的作品不能满足印刷的需求，因此对于设计师而言，除了需要将毛笔字从背景中分离出来以外，还需要放大这些毛笔书法作品，并进行装饰，使之满足印刷宣传的需要。本案例将应用"通道"功能来完成国画书法作品的合成，如图7-1所示。

图7-1　国画书法作品合成效果图

7.1.1　通道的概念

无论Photoshop的通道有多少功能，归纳一句话：通道就是选区。要想修改一幅图像的任何部位，都要接触到通道，否则是不可能改动图片中的任何一部分的。在Photoshop中，通道主要分为颜色通道、专色通道和Alpha选区通道3种，它们均以图标的形式出现在"通道"面板中。

1. 颜色通道

当在Photoshop中编辑图像时，实际上就是在编辑颜色通道。这些通道把图像分解成一个或多个色彩成分，图像的模式决定了颜色通道的数量，RGB模式有3个颜色通道，CMYK图像有4个颜色通道，灰度图只有一个颜色通道，它们包含了所有将被打印或显示的颜色。这些就是Photoshop处理图像的颜色模式。不同的颜色模式，表示图像中像素点采

颜色通道

用了不同的颜色描述方法。换句话说，在Photoshop中，同一图像中的像素点在处理和存储时都必须采用同样的颜色描述方法（RGB、CMYK或Lab等）。不同的颜色模式具有不同的

呈色空间和不同的原色组合。

在图像中，像素点的颜色就是由这些颜色模式中的原色信息来进行描述的。所有像素点所包含的某一种原色信息的集合，便构成了一个颜色通道。例如，一幅 RGB 图像中的红（Red）通道便是由图像中所有像素点的红色信息所组成的，同样，绿（Green）通道或蓝（Blue）通道则是由所有像素点的绿色信息或蓝色信息所组成的，它们都是颜色通道，这些颜色通道的不同信息配比便构成了图像中不同的颜色。

在 RGB 图像的"通道"面板中可以看到红、绿、蓝 3 个颜色通道和一个 RGB 的复合通道，如图 7-2 所示。在 CMYK 图像的"通道"面板中可以看到青色、洋红、黑色、黄色 4 个颜色通道和一个 CMYK 的复合通道，如图 7-3 所示。

图 7-2　RGB 颜色通道图

图 7-3　CMYK 颜色通道

2. 专色通道

专色通道是一种特殊的颜色通道，用来存储专色。专色是特殊的预混油墨，用来替代或者补充标准印刷色油墨，它可以使用除了青色、洋红、黄色和黑色以外的颜色来绘制图像。专色通道一般用得较少且多与打印相关，专色通道扩展了通道的含义，同时也实现了图像中专色版的制作。

专色通道

专色是特殊的预混油墨，用来替代或补充印刷色（CMYK）油墨。每种专色在付印时都要求有专用的印版。也就是说，当一个含有专色通道的图像进行打印输出时，这个专色通道会成为一张单独的页（即单独的胶片）被打印出来。

使用"通道"面板弹出菜单中的"新专色通道"命令，或按住〈Ctrl〉键并单击"创建新通道"按钮，可弹出"新专色通道"对话框。在"油墨特性"选项组中，单击颜色框可以弹出"拾色器"对话框，即可选择一种油墨的颜色。该颜色将在印刷图像时起作用，只不过这里的设置能够为用户更容易地建立一种专门油墨颜色而已。在"密度"文本框中则可输入 0% ～ 100% 的数值来确定油墨的密度。

3. Alpha 选区通道

Alpha 通道是计算机图形学中的术语，指的是特别的通道。有时它特指透明信息，但通常的意思是"非彩色"通道。可以说，在 Photoshop 中制作出的各种特殊效果都离不开 Alpha 通道，它最基本的用处在于保存选取范围，并不会影响图像的显示和印刷效果。在用快速蒙版制作选择区域时，"通道"面板中会出现一个以斜体字表示的临时蒙版通道，它表示蒙版所代替的选择区域，切换回正常编辑状态时，这个临时通道便会消

Alpha 选区通道

失，而它所代表的选择区域便重新以虚线框的形式出现在图像之中。实际上，快速蒙版就是一个临时的选区通道。如果制作了一个选择区域，然后执行"选择"→"存储选区"命令，便可以将这个选择区域存储为一个永久的 Alpha 选区通道。此时，"通道"面板中会出现一个新的图标，它通常会以 Alpha 1、Alpha 2 等方式命名，这就是所说的 Alpha 选区通道。Alpha 选区通道是存储选择区域的一种方法，需要时，再次执行"选择"→"载入选区"命令，即可调出通道所表示的选择区域。

7.1.2 通道的基本操作

1. "通道"面板

"通道"面板用于创建和管理通道，可以通过执行"窗口"→"通道"命令让其显示出来（如图 7-2 所示），单击面板右上角的小三角按钮，弹出面板菜单，所有通道操作均可在此面板中完成。其中的选项和功能如表 7-1 所示。

通道的基本操作

表 7-1　通道面板中的选项及功能

选　　项	图　标	功　　能
将通道作为选区载入		单击此按钮可以将当前通道中的内容转换为选区
将选区存储为通道		单击此按钮可以将图像中的选区作为蒙版保存到一个新建的 Alpha 通道
创建新通道		创建 Alpha 通道，拖动某通道至该按钮可以复制这个通道
删除当前通道		删除所选通道

通道最主要的功能是保存图像的颜色数据。例如一个 RGB 模式的图像，其每一个像素的颜色数据是由红、绿、蓝这 3 个通道来记录的，而这 3 个单色通道组合定义后合成了一个 RGB 主通道。颜色信息通道是在打开新图像时自动创建的，图像的颜色模式决定了所创建的颜色通道的数目。

在"通道"面板中可以同时显示出图像中的颜色通道、专色通道及 Alpha 选区通道，每个通道就像"图层"面板一样以小图标的形式出现。

选中图像中所有的颜色通道与任何一个 Alpha 选区通道前的眼睛图标，便会看到一种类似于快速蒙版的状态：选中的区域保持透明，而没有选中的区域则被一种具有透明度的蒙版色所遮盖，可以直接区分出 Alpha 选区通道所表示的选择区域的选取范围。

也可以改变 Alpha 选区通道使用的蒙版色颜色，或将 Alpha 选区通道转化为专色通道，它们均会影响该通道的观察状态。直接在"通道"面板上双击任何一个 Alpha 选区通道的图标，或选中一个 Alpha 选区通道后选择面板菜单中的"通道选项"命令，均可调出 Alpha 选区的"通道选项"对话框，如图 7-4 所示，在其中可以确定该 Alpha 选区通道使用的蒙版色、蒙版色所标示的位置，或选择将 Alpha 选区通道转化为专色通道。

可见的通道并不一定都是可以操作的通道。如果需要对某一个通道进行操作，必须选中这一通道，即在"通道"面板中选择某一通道，使该通道处于被选中的状态。

2. 将选区存储为 Alpha 选区通道

在图像中制作一个选区后，直接单击"通道"面板下方的"将选区存储为通道"按钮

，即可将选区存储为一个新的 Alpha 选区通道，该通道会被 Photoshop 自动命名为 Alpha 1，如图 7-5 所示。

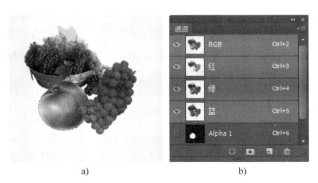

a)　　　　　　　　　　　b)

图 7-4　"通道选项"对话框　　　　　　　　　图 7-5　将选区存储为通道
　　　　　　　　　　　　　　　　　　　　　　a）建立的选区　b）"通道"面板

执行"选择"→"存储选区"命令，也可将现有的选择区域存为一个 Alpha 选区通道。如果图像中已经存储了其他的 Alpha 选区通道或专色通道，可以在弹出的对话框的"通道"下拉列表框中选择已有的通道，并在"操作"选项组中设定新通道与已有通道的关系，如图 7-6 所示，它们之间主要有以下 4 种关系。

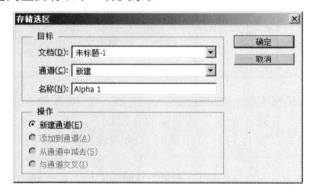

图 7-6　"存储选区"对话框

"新建通道"：可创建一个新的 Alpha 通道。

"添加到通道"：可将选择范围加入到现有的 Alpha 通道中。

"从通道中减去"：可从 Alpha 通道中减去要存储的选择范围。

"与通道交叉"：取现有的 Alpha 选区通道和选中的选择范围的公共部分存储为新的 Alpha 选区通道。

另外，在"存储选区"对话框中还可以设定以下选项。

"文档"：用来设定选择范围所要存储的目的文件。可以将选择范围所生成的 Alpha 通道存储到当前文件中，也可以将其存储到与当前文件大小相同、分辨率相同的其他文件中，还可以将 Alpha 选区通道存储为一个新文件。

"通道"：用来设定选择范围所要存储 Alpha 选区通道的位置。默认的情况下会存储为一个新的 Alpha 选区通道，也可以将选择范围存储到现有的任何 Alpha 选区通道或专色通道上。

3. 载入 Alpha 选区通道

在 Alpha 选区通道中只能表现出黑、白、灰的层次变化，而且其中的黑色表示未选中的区域，白色表示选中的区域，而灰色则表示具有一定透明度的选择区域。所以，可以通过 Alpha 选区通道内的颜色变化来修改 Alpha 选区通道的形状。

在需要的时候可以随时调用 Alpha 选区通道中存储的选区，操作方法是单击"通道"面板下方的"将通道作为选区载入"按钮 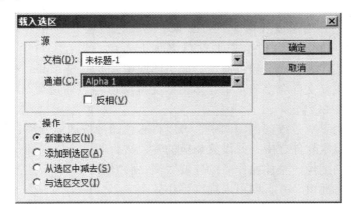即可。也可以执行"选择"→"载入选区"命令，弹出"载入选区"对话框，如图 7-7 所示。使用"载入选区"命令时，可以选择载入当前 Photoshop 中打开的另一幅同样尺寸（大小、分辨率必须完全相同）的图像中 Alpha 选区通道所表示的选择区域。或选择"反相"复选框，则可使载入的选区与通道标示的选区正好相反。

图 7-7　"载入选区"对话框

如果图像中已经存在选区，当执行"载入选区"命令时，在弹出的对话框的"操作"选项组中的选项将会变为可选，也就是选择新载入的选区与原先存在的选区之间的关系。此处的 4 种关系与"存储选区"对话框中的 4 种关系一致。

当按住〈Ctrl〉键后，单击任意通道前面的缩略图时，也可将通道转化为选区。

4. 复制与删除通道

通常情况下，编辑单色通道时不要在原通道中，以免编辑后不能还原，这时需要将该通道复制一份后再进行编辑。

如果想复制一个颜色通道，可直接将某一个通道拖到"通道"面板下方的"新建通道"按钮 上进行复制，或者选中某一个通道，使用面板右上角的弹出菜单中的"复制通道"命令，也可完成同样操作。当将通道拖到"删除当前通道"按钮 上时将会删除此通道。当然，也可以右击当前通道，在弹出的快捷菜单中选择"复制通道"或"删除通道"命令。

右击"红"通道，在弹出的快捷菜单中选择"复制通道"命令，会弹出"复制通道"对话框，如图 7-8 所示，在"目标"选项组的"文档"下拉列表框中选择"新建"选项，可将选择的通道复制到新文件中，在"名称"文本框中可给新文件起一个名称；若选择本文件，则单击"确定"按钮后，在"通道"面板中就会显示一个复制的通道，通常在名称后面会带有"拷贝"字样。如果选择对话框中的"反相"复选框，那么会得到与原通道明暗关系相反的副本通道，如图 7-9 所示。

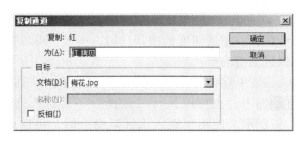

图 7-8 "复制通道"对话框图

图 7-9 反相"红"通道副本

5. 通道的分离与合并

如果编辑的是一幅 CMYK 模式的图像，可以选择"通道"面板右上角的面板菜单中的"分离通道"命令，将图像中的颜色通道分为 4 个单独的灰度文件。这 4 个灰度文件会以原文件名加上青色、洋红、黄色、黑色来命名，表明其代表哪一个颜色通道。如果图像中有专色或 Alpha 选区通道，则生成的灰度文件会多于 4 个，多出的文件会以专色通道或 Alpha 选区通道的名称来命名。

通道的分离
与合并

这种做法通常用于双色或三色印刷中，可以将彩色图像按通道分离，然后单取其中的一个或几个通道置于组版软件之中，并设置相应的专色进行印刷，以得到一些特定的效果。或者对于一些特别大的图像，整体操作时的速度太慢，将其分离为单个通道后，针对每个通道单独操作，最后再将通道合并，则可以提高工作效率。

对于通道分离后的图像，还可以选择"通道"面板右上角的面板菜单中"合并通道"命令，将图像整合为一。合并时，Photoshop 会提示选择哪一种颜色模式，如图 7-10 所示，以确定合并时使用的通道数目，并允许选择合并图像所使用的颜色通道，如图 7-11 所示。

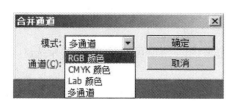

图 7-10 "合并通道"对话框

图 7-11 "合并 CMYK 通道"对话框

只要图像的文件尺寸相同，分辨率相同，都是灰度图像，便可选择它作为合并使用的一个文件，并不一定非要选择原先分离的 4 个灰度文件。

如果要合并的通道超过 4 个，则合并时只能使用多通道模式。可以在合并后将图像模式转为所需的彩色模式，只是应注意选择多通道模式合并时的文件顺序。比如对于带有一个 Alpha 选区通道的 CMYK 图像，将其分离为 5 个通道后，合并通道时就只能选择多通道模式，这时 Photoshop 会逐个提问合并时的通道顺序，只要回答的顺序正确，则通道合并后，再将其转为 CMYK 模式时，仍可恢复 4 个颜色通道加一个 Alpha 选区通道的原样。

6. Alpha 选区通道形状的修改

如果对建立的选区通道不是很满意，可以根据实际需要进行手动修改。修改的原理就是利用黑白层次的变化，黑色表示未选中的区域，白色表示选中的区域。当要扩大选区时，可以选择白色作为前景色，用笔刷将想要的部分刷出；如果要缩小选区，则选择黑色作为前景色，使用笔刷刷出想要的效果。例如，在图 7-12 中建立一个不透明度为 100% 的深蓝色通道（双击 Alpha 通道，在"通道选项"对话框中进行设置），通道形状如图 7-12 所示。利用笔刷分别设置不同的前景色来扩大和缩小一部分选区，如图 7-13 所示。

图 7-12　正常方式建立的通道

图 7-13　扩大和缩小通道

7.1.3　案例实现过程

国画书法
作品合成

本案例通过复制红色通道将素材图片中的书法选取出来，并通过添加场景来完成本案例。具体操作步骤如下。

1）在 Photoshop 中打开"进取.jpg"书法素材，双击"图层"面板中的"背景"图层，将其转化为普通图层。在画布中可以看见图像素材尺寸较小，执行"图像"→"图像大小"命令，弹出如图 7-14 所示的对话框，由此可以看出其素材大小仅有 54.5KB，下面通过设置放大其尺寸。

2）打开"通道"面板，会发现里面存在默认的"红""绿""蓝"3 个原色通道及一个复合通道。分别选择 3 个原色通道，选择一个对比度较好的"红"通道。

3）将"红"通道拖至"创建新通道"按钮 上，复制一个红色通道，得到"红 拷贝"通道。接下来选择"红 拷贝"通道，并设置其他通道处于隐藏状态，如图 7-15 所示。

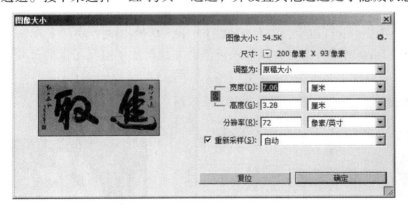

图 7-14　"图像大小"对话框

图 7-15　"通道"面板

4）画布中显示"红 拷贝"通道的图像，可以清晰地看见扫描的纸张痕迹，以及画面中存在的一些杂色，如图 7-16 所示。按〈Ctrl + L〉组合键，弹出"色阶"对话框，如图 7-17 所示，调整画面对比度。在对话框中选择黑色吸管（ ）吸取图像中的书法部分，使用白色吸管（）吸取画面中纸面的灰色部分，将杂色转化为白色，单击"确定"按钮，效果如图7-18所示。

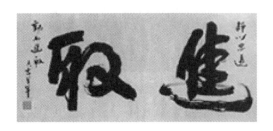

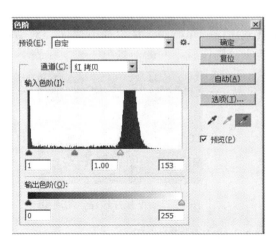

图7-16 "红 拷贝"通道的图像　　　　　　　　　　图7-17 "色阶"对话框

5）按〈Ctrl + I〉组合键，将"红 拷贝"通道进行反相处理，得到如图7-19所示的效果。

图7-18 调整色阶后的效果　　　　　　　　　　图7-19 反相后的效果

6）执行"图像"→"图像大小"命令，调整图像的大小，在弹出的"图像大小"对话框中进行参数设置，如图7-20所示。通过直接输入数值的方式增加了素材图像的尺寸及分辨率，但同时图像中书法的边缘也变得模糊，如图7-21所示。

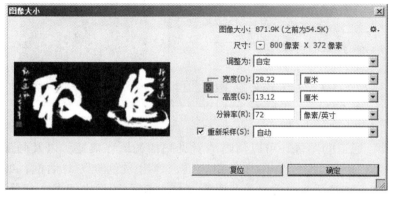

图7-20 调整图像大小　　　　　　　　　　图7-21 调整后的效果

在调整图像大小时，应注意要单击对话框中的⑧图标，以保证图像长宽等比例放大。

7）下面使用"智能锐化"滤镜将书法边缘变得清晰。执行"滤镜"→"锐化"→"智能锐化"命令，在弹出的"智能锐化"对话框中调整锐化半径，直至边缘变得锐利为止，其值约为 13 px（如图 7-22 所示），确定操作后可以看见图像的边缘变得非常清晰，如图 7-23 所示。

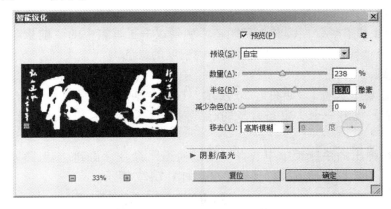 

图 7-22 "智能锐化"对话框   图 7-23 调整图像边缘

8）按住〈Ctrl〉键并单击"红 拷贝"通道（或者单击"通道"面板下的"将通道作为选区载入"按钮），将通道转换为选区，接下来切换至"图层"面板中，并选择"背景"图层。

9）按〈Ctrl + J〉组合键，对选区内的书法进行复制并粘贴成为新图层，如图 7-24 所示，隐藏"背景"图层，则形成如图 7-25 所示的效果图。

图 7-24 复制图层   图 7-25 调整后的书法效果图

10）接下来，在 Photoshop 中打开"山水画.jpg"素材图片，将已做好的"进取"书法拖动到该素材文件中，使用"自由变换"工具调整其大小，并拖放到图像的左上角，最终效果如图 7-1 所示。

7.1.4 应用技巧与案例拓展

1. 应用技巧

技巧1：按住〈Ctrl〉键并单击图层的缩略图（在"图层"面板上进行操作）可载入它的透明通道，再按〈Ctrl + Alt + Shift〉组合键单击另一图层，即可选取两个层的透明通道相交的区域。

技巧2：若要将彩色图片转换为黑白图片，可先将颜色模式转化为 Lab 模式，然后选取"通道"面板中的明度通道，再执行"图像"→"模式"→"灰度"命令，由于 Lab 模式的色域更宽，这样转化后的图像层次感更丰富。

技巧3：如果是在含有两个或者两个以上的图层文档中删除原色通道，Photoshop 会提示将图层合并，否则将无法删除。

技巧4：因为 Alpha 通道中只有黑、白、灰 3 种颜色，如果双击工具箱中的"前景色"或者"背景色"色块，选择其他颜色，那么得到的将是不同程度的灰色。

2. 案例拓展：头发的抠取

1）在 Photoshop 中打开素材"人物"，如图 7-26 所示，打开"通道"面板，分别查看"红""绿""蓝" 3 个通道，找出一个头发与背景的亮度对比度最高的通道，在此选择"蓝"通道。

2）右击"蓝"通道，在弹出的快捷菜单中选择"复制通道"命令，得到"蓝 拷贝"通道，按〈Ctrl + I〉组合键，对该副本通道执行反相操作，如图 7-27 所示。

图 7-26　素材图片　　　　　　　　　图 7-27　"蓝 拷贝"通道

3）按〈Ctrl + L〉组合键，应用"色阶"命令，利用黑色吸管（✎）继续吸取图像中的空白部分，使用白色吸管（✎）吸取素材画面中的脸部颜色，以此调节画面中人物头发与背景的对比度，更加便于将头发选取出来，效果如图 7-28 所示。

4）在实际应用中选取头发只是工作的一部分，更重要的是将整个人物选取出来。而在通过"色阶"命令调整后的图像中，可以看出人物的一部分图像未被选取出来。接下来将前景色设置为白色，使用"画笔工具"将画面中需要选取的黑色区域涂抹成白色，如图 7-29 所示。

图 7-28　应用"色阶"命令后的效果　　　　　图 7-29　涂抹后的效果

5）通过调整，可以看出人物头发的边缘仍然存在灰色区域，这也影响了人物选区的建立，接下来继续使用"色阶"命令，如图7-30所示，将头发的边缘与背景更加明显地分离出来，效果如图7-31所示。

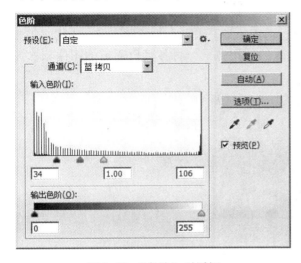

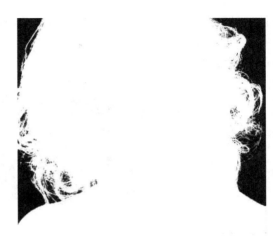

图7-30 "色阶"对话框 　　　　　　　图7-31 应用"色阶"命令后的效果

6）这时可以看出人物的轮廓更加清晰，按住〈Ctrl〉键并单击通道"蓝 拷贝"的缩略图，将通道转化为选区，打开"图层"面板，单击人物所在的图层，将其激活。

7）按〈Ctrl + J〉组合键，执行"通过拷贝的图层"操作，从而将选区中的图像复制到新图层中。将其他图层隐藏，其效果如图7-32所示。

8）如果在抠出的图像中头发的边缘存在杂色，可在将通道建立选区前，执行"滤镜"→"杂色"→"减少杂色"命令，将杂色去掉，效果如图7-33所示。

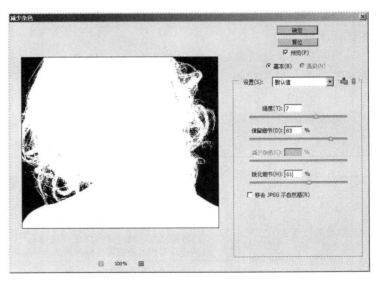

图7-32 选出的人物效果图 　　　　　　图7-33 "减少杂色"对话框

7.2 案例2：入场券设计

赛会入场卷设计是现实生活中经常遇到的设计案例，它需要突出赛会的内容。本案例设计的是赛马的入场券，为了突出主题，案例素材选用的是一张烈火骏马的图像，应用时需要将其从素材图片中选出。本案例运用了通道特殊的应用方式，将各颜色通道的图像依次选出，再进行合并。案例效果如图7-34所示。

图7-34　案例效果图

7.2.1　编辑Alpha通道

在所有通道中，Alpha通道的使用频率最高也最为灵活，其最为重要的功能是保存并编辑选区。由于Alpha通道具有灵活的可编辑性，因此可以通过对此通道的编辑得到使用其他方法无法得到的选择区域。

Alpha通道中的黑色区域对应非选区，白色区域对应选区，由于在Alpha通道中可以使用从黑到白共256级灰度色，因此能够创建非常精细的选择区域。

当创建Alpha通道后，面板菜单中的"通道选项"命令呈可用状态，选择该命令后，弹出如图7-35所示的对话框。

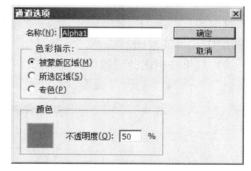

图7-35　"通道选项"对话框

在该对话框中可以更改通道名称、显示状态等。这些选项的详细功能如表7-2所示。

表7-2　"通道选项"对话框中的选项及功能

选　项		功　能
通道名称		可在该文本框中输入新通道的名称
"色彩指示"选项组	被蒙版区域	将被蒙版区域设置为黑色，并将所选区域设置为白色。用黑色绘画可扩大被蒙版区域，用白色绘画可扩大选中区域
	所选区域	将被蒙版区域设置为白色（透明），并将所选区域设置为黑色（不透明），用白色绘画可扩大被蒙版区域，用黑色绘画则可扩大选中区域
	专色	将Alpha通道转化为专色通道
"颜色"选项组	颜色	要选取新的蒙版颜色，可以单击颜色框选取新颜色
	不透明度	输入介于0～100的值，可以更改不透明度

创建 Alpha 通道后，如果同时显示默认通道与 Alpha 通道，则"通道选项"对话框的颜色选项将默认为半透明颜色，如图 7-36 所示，半透明红色区域为蒙版区域。

在对话框中单击颜色框，弹出"选择通道颜色"对话框，任意选择一种颜色（此处选择黄色），然后更改"不透明度"选项为 80% 后显示效果如图 7-37 所示。

图 7-36　同时显示所有通道效果　　　　　　图 7-37　更改通道颜色后的效果

如果在"通道选项"中选择"所选区域"单选按钮，会得到与"被蒙版区域"选项相反的显示效果，如图 7-38 所示。如果选择"专色"单选按钮，那么 Alpha 通道将转换为专色通道。

除了外观显示外，还可以在 Alpha 通道中进行变形、滤镜等操作，从而改变原选区。例如，在 Alpha 通道中执行"滤镜"→"模糊"→"动感模糊"命令，将其"距离"设置为200 后，按住〈Ctrl〉键并单击 Alpha 通道（模糊后效果如图 7-39 所示），回到"图层"面板，激活图像所在图层，按〈Ctrl + J〉组合键将选区的内容复制到新的图层中，将会得到模糊的图像，如图 7-40 所示。

图 7-38　选择"所选　　　　图 7-39　模糊后通道　　　　图 7-40　得到的图像效果
　　区域"后效果

7.2.2　编辑专色通道

选中所创建的专色通道后，在"通道"面板菜单中选择"通道选项"命令，弹出"专色通道选项"对话框，在该对话框中可以更改专色通道名称、油墨颜色及油墨密度选项。其中，选取自定颜色，也就是"颜色库"中的颜色时，通道将自动采用该颜色的名称，如图 7-41 所示。

在"专色通道选项"对话框中，"密度"选项的范围是 0 ～ 100。使用该选项将在屏幕上模拟印刷后专色的密度。将"密度"设置为 100% 表示模拟完全覆盖下层油墨的油墨（如金属质感油墨），设置为 0% 表示模拟完全显示下层油墨的透明油墨（如透明光油）。

无论前景色为什么颜色，在专色通道中绘制的图形均为专色油墨颜色，但是用黑色绘画

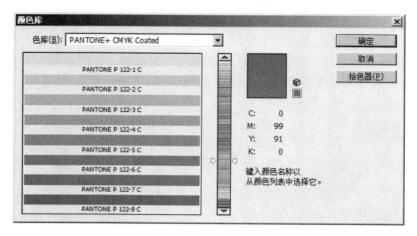

图 7-41　选区自定颜色

可添加更多不透明度为 100% 的专色；用灰色绘画可添加不透明度较低的专色。

专色通道可以与原色通道合并，方法是选中专色通道后，选择"通道"面板菜单中的"合并专色通道"命令，即可将专色通道转换为颜色通道，与原来的颜色通道合并，并且从"通道"面板中删除专色通道。合并专色通道还可以拼合分层图像，并且合并的复合图像反映了预览专色信息。

专色通道还可以通过 Alpha 通道创建，就是将 Alpha 通道转化为专色通道。方法是选中 Alpha 通道，选择"通道"面板菜单中的"通道选项"命令，或者双击 Alpha 通道缩略图，在弹出的对话框中选择"专色"单选按钮。

7.2.3　"应用图像"命令

"应用图像"命令是一个功能强大、效果多变的命令，可以将一个图像的图层及通道与另一幅具有相同尺寸的图像中的图层及通道合成。执行"图像"→"应用图像"命令，弹出如图 7-42 所示的对话框。

"应用图像"
命令

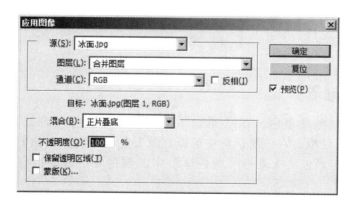

图 7-42　"应用图像"对话框

对话框中各个选项的含义如表 7-3 所示。

表7-3 "应用图像"对话框选项含义

选 项	含 义
源	选择一个已打开的图像与当前操作图像进行混合
图层	选择要进行混合模式的源图层
通道	选择用于混合的通道
反相	可以将所选的用于混合的通道反相后再进行混合
混合	选择用于制作混合模式效果的混合模式
不透明度	设置源图像在混合时的不透明度
保留透明区域	当目标图像存在透明像素时，该选项被激活，选中后，目标图像透明区域不与源图像混合
蒙版	选择此复选框后，出现扩展对话框，扩展对话框中将显示有关蒙版的参数

使用"应用图像"命令合成图像时需要注意的是，进行混合的两幅图像必须具有相同的尺寸（宽度、高度和分辨率），且其颜色模式应该为 RGB、CMYK、LAB 或灰度颜色模式中的一种。

7.2.4 案例实现过程

案例：入场券
设计

由于火焰效果的边缘有烟雾，轮廓比较淡，并非实体，其层次性不明显，使用常用的调整色阶、曲线等手段很难较好地抠出火焰图像，因此在本案例中主要应用分层抠图、最终合并的方式来实现火焰的抠图。具体操作步骤如下。

1）在 Photoshop 中打开"烈火骏马"素材图片，如图 7-43 所示。并双击"图层"面板中素材所在的"背景"图层，在弹出的对话框中单击"确定"按钮，将素材的"背景"图层转化为普通图层。

2）在制作入场券时需要将马的素材从图像中抠出来，如果使用普通的方式建立选区，然后创建通道，很难将马从图像中抠出。在此依次利用"红""绿""蓝"通道分层抠图方式实现。

3）打开"通道"面板，依次复制"红""绿""蓝"通道分别为"红 拷贝""绿 拷贝""蓝 拷贝"通道如图 7-44 所示。

图 7-43 "烈火骏马"素材图片

图 7-44 复制后的"通道"面板

4）按住〈Ctrl〉键并单击"红 拷贝"通道的缩略图，将该通道转化为选区。进入"图层"面板，创建一个新图层，并命名为"红色"，设置前景色为红色（FF0000），在"红色"图层中填充选区。隐藏原素材图片后的效果如图 7-45 所示。

5）回到"通道"面板中，按住〈Ctrl〉键并单击"绿 拷贝"通道的缩略图，将该通道转化为选区，继续进入到"图层"面板，创建一个新图层，命名为"绿色"，将工具箱中的前景色设置为绿色（00FF00），利用"油漆桶工具"对"绿色"图层进行填充，隐藏其他图层后的效果如图 7-46 所示。

图 7-45　填充红色后的效果　　　　　　　　图 7-46　填充绿色后的效果

6）继续回到"通道"面板中，采用与前两步骤相同的方式，将"蓝 副本"通道转化为选区，并在"图层"面板中创建一个新的"蓝色"图层，将前景色设置为蓝色（0000FF），利用"油漆桶工具"将"蓝色"图层的选区填充，隐藏其他图层后的效果如图 7-47 所示。

7）这是依次分离各色后填充的效果。要想真正得到烈马的素材图像，需要将各图层合并形成统一的效果。接下来在"图层"面板中将"绿色"和"蓝色"图层的图层混合模式都设置为"滤色"（如图 7-48 所示）。

图 7-47　填充蓝色后的效果　　　　　　　　图 7-48　设置为"滤色"的"图层"面板

8）将填充为三基色的图层"红色""绿色""蓝色"这 3 个的图层显示出来，其他的图层全部隐藏。单击"图层"面板右上角的三角形按钮，在打开的菜单中选择"合并可见图层"命令，将 3 个图层合并，形成一幅完整的图像，如图 7-49 所示。至此，烈火骏马的图像完全被抠出，其效果非常理想。

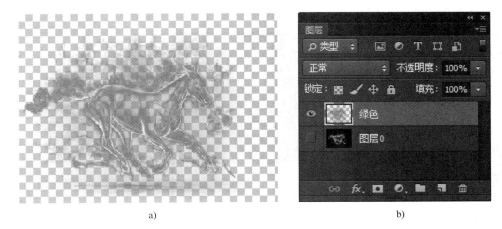

a)   b)

图 7-49   合并图层后的效果

a）合并图层后的图像效果   b）合并图层后的"图层"面板

9）在 Photoshop 中创建一个宽为 1050 像素，高为 420 像素的画布，并依次导入"背景""副券"和"商标"素材。调整各素材的大小及位置，将"商标"素材图片中商标的边缘图像利用"魔棒工具"选出并删除，继续利用"文字工具"在商标下方输入举办单位，效果如图 7-50 所示。

图 7-50   新画布中的素材效果

10）将抠出的烈马素材图片拖动到新创建的文件中，调整其位置及大小，放置于场景的左下方，效果如图 7-51 所示。

图 7-51   放置烈马素材后的效果

11）利用"单列选框工具"，在副券与正券的边缘位置绘制一条分离线，并将其填充为白色，在正券的右下角利用"文字工具"标明入场券的价格，效果如图7-52所示。

图7-52　入场券最终效果

7.2.5　应用技巧与案例拓展

1. 应用技巧

技巧1：使用专色通道时，如果选择了颜色，则印刷服务供应商更容易提供合适的油墨以重现图像，所以最好在"颜色库"中选择颜色。

技巧2：要将图像转为"双色调"模式，必须先将图像转为"灰度"模式，图像只有在"灰度"模式下才能转换为"双色调"模式。

技巧3：与"专色通道选项"对话框中的"密度"选项不同，绘画或编辑工具选项中的"不透明度"选项决定了打印输出的实际油墨浓度。

技巧4：因为在新建通道中可以任意选择原色通道，所以合并RGB通道图像时可以合并6幅不同颜色的图像。

2. 案例拓展

Photoshop提供了用于模拟摄影时镜头产生的景深模糊效果的命令，下面的实例展示了如何配合Alpha通道使用这一命令制作景深效果。具体操作步骤如下。

1）在Photoshop中打开素材图片"花"，如图7-53所示。双击"背景"图层将其转化为普通图层。

2）在"通道"面板中选择一个花朵与背景对比鲜明的通道进行复制，在此选择的是"红"通道，执行"图像"→"调整"→"亮度/对比度"命令，调整"红 拷贝"通道的亮度与对比度，使之对比更加鲜明，如图7-54所示。

图7-53　素材图片

图7-54　调整对比度后的效果

3）接下来将工具箱中的前景色设置为黑色，利用"画笔工具"将中间花朵外面的区域涂抹成黑色，即建立中间的花朵的单独通道，或者使用"魔棒工具"将中间花朵及花茎选取出来填充为白色，反选后填充为黑色，如图7-55所示，"通道"面板如图7-56所示。

图7-55　修改后的"红 拷贝"通道　　　　图7-56　修改"红 拷贝"通道后的"通道"面板

4）新建一个 Alpha 通道 Alpha 1，设置前景色为白色，背景色为灰色（474747），选择"线性渐变工具"，设置渐变类型为前景色到背景色，在通道内绘制如图7-57所示的渐变。

5）按住〈Ctrl〉键并单击"红 拷贝"通道，载入选区，选择通道 Alpha1 并使用黑色填充，效果如图7-58所示。

图7-57　填充的渐变效果图　　　　　　　图7-58　变换后的 Alpha1 通道

6）回到"图层"面板中，选择素材图片所在的图层，执行"滤镜"→"模糊"→"镜头模糊"命令，在弹出的对话框中进行适当设置，将"源"设置为 Alpha 1 通道，将"光圈半径"设置为88，得到的效果如图7-59所示。如果效果不是很明显，可多次重复使用"镜头模糊"命令，直至满意为止。

a)　　　　　　　　　　　　　　　　　b)

图7-59　应用"镜头模糊"命令后的效果
a）原图　b）效果图

7.3　小结

通过本章的学习，读者可以发现实际上通道并不像想象中那样难以掌握。本章不仅展示了若干个通道的原理，而且还深入讲解了 Alpha 通道与选区之间的关系，以及其与滤镜的特殊效果应用，在实际应用中需要灵活把握，多多思考，方能设计出好的作品。

7.4　项目作业

火焰的选取抠图及合成。利用通道工具将火焰素材抠出，并与吉他进行合成，在合成的过程中注意思考如何让吉他时隐时现，效果如图 7-60 所示。

图 7-60　烈火吉他效果图

第8章　蒙版的应用

8.1　案例1：房地产广告设计

蒙版可以用来将图像的某部分分离开来，从而保护该部分不被编辑。当基于一个选区创建蒙版时，没有选中的区域则成为被蒙版蒙住的区域，也就是被保护的区域，可防止被编辑或修改。利用蒙版，可以将花费很多时间创建的选区存储起来以备随时调用。另外，也可以将蒙版用于其他复杂的编辑工作，如对图像执行颜色变换或滤镜效果等。

房产广告具有传递楼盘信息，树立地产建设理念，引导消费者消费倾向，促进销售的作用。本案例以蒙版的应用为基础设计了一个房地产广告，效果如图8-1所示。

图8-1　房地产广告效果图

蒙版用来控制图像的显示与隐藏区域，是进行图像合成的重要途径。在 Photoshop 中主要包括快速蒙版、剪贴蒙版、图层蒙版与形状蒙版等形式。

8.1.1　快速蒙版

快速蒙版用来创建、编辑和修改选区。它是一种手动间接创建选区的方法，其特点是常与绘图工具结合起来创建选区，较适用于对选择要求不是很高的情况。

创建快速蒙版的方法是单击工具箱中的"以快速蒙版模式编辑"按

快速蒙版

钮⟐，进入快速蒙版，然后选择"画笔工具"在想要选中的区域外单击并拖动，进行涂抹，如图 8-2 所示。当使用黑色进行作图时，将在图像中得到红色的区域，也就是退出快速蒙版编辑状态后的非选区区域；反之，当使用白色进行作图时，可以去除红色区域，且白色部分的区域就是退出快速蒙版编辑状态后生成的选区；如果用灰色进行作图的话，生成的选区就会带有一定的羽化效果。

a)   b)

图 8-2   快速蒙版编辑状态

a）涂抹前的素材效果   b）使用黑色涂抹后的效果

涂抹完成后，单击工具箱中"以标准模式编辑"按钮⬛，返回正常模式，这时画笔没有绘制到的区域即形成选区，如图 8-3 所示。

在快速蒙版中如果设置了柔角的画笔或者对其执行"高斯模糊"滤镜效果，都可以创建羽化效果，图 8-4 所示为执行"高斯模糊"得到命令后的效果。可以在此基础上继续执行其他操作，如"色阶""曲线"等。快速蒙版的操作和通道的操作相类似，在使用"画笔工具"绘制时，可以结合"橡皮擦工具"擦除多余的像素。

图 8-3   形成的选区图   图 8-4   使用"高斯模糊"滤镜后的蒙版效果

在素材图片中如果用笔刷去涂抹，可能边缘处无法很好地把握，这时可以通过调整画笔大小及形状后再进行涂抹。

8.1.2   剪贴蒙版

剪贴蒙版是一种多用于混合文字、形状与图像的技术。剪贴蒙版由两个以上的图层构成，处于下方的图层称为基层，用于控制其上方的图层的显示区域，而其上方的图层则被称为内容图层。在每一个剪贴蒙版中，基层都只有一个，而内容图层则可以有若干个。

剪贴蒙版

1. 创建剪贴蒙版

当"图层"面板中存在两个或者两个以上的图层时，可以创建剪贴蒙版。方法是：选择"图层"面板中的一个图层，执行"图层"→"创建剪贴蒙版"命令，该图层会与其下方图层创建剪贴蒙版，如图 8-5 所示。

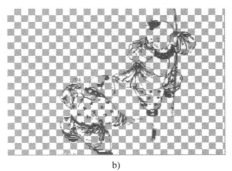

a)   b)

图 8-5　创建剪贴蒙版的图层

a）内容图层　b）基层

创建剪贴蒙版后，可以发现蒙版中的下方图层（基层）名称带有下画线，内容图层的缩略图是缩进的，并且显示一个剪贴蒙版图标▼。而画布中的图像也会随之发生变化，如图 8-6 所示。

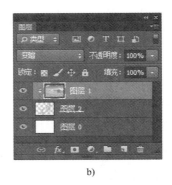

a)   b)

图 8-6　创建剪贴蒙版后的效果

a）画布中的图像　b）"图层"面板中的图层

创建剪贴蒙版后，蒙版中的两个图层中的图像均可以随意移动。如果移动下方图层中的图像，那么会在不同位置显示上方图层中的不同区域图像；如果移动上方图层中的图像，那么会在同一位置显示该图层的不同区域的图像，并且可能会显示出下方图层中的图像。

剪贴蒙版的优势就是形状图层可以应用于多个图层，只要将其他图层拖至蒙版中即可，但只有最上方的图层显示其图像。

在 Photoshop 中，文字图层、填充图层等均可以创建剪贴蒙版。当遇到两幅图像合成为一幅图像时，可以使用填充图层创建剪贴蒙版，方法是在两幅图像所在的图层中间创建渐变填充图层，将渐变设置为"前景色到透明渐变"的方式，然后对渐变填充图层及其上方的图像图层创建剪贴蒙版即可，如图 8-7 所示。

a)   b)

图 8-7　渐变填充方式创建蒙版

a）创建蒙版后的效果　b）填充图层的使用方法

2. 编辑剪贴蒙版

　　创建剪贴蒙版后，还可以对其中的图层进行编辑，如修改图层的不透明度与图层混合模式等，这些选项均可以在剪贴蒙版中的所有图层中编辑。剪贴蒙版使用基层的不透明度可以控制整个剪贴蒙版组的不透明度。而调整上方的内容图层只是控制其自身的不透明度，不会对整个剪贴蒙版产生影响。图 8-8 所示即为将内容图层的不透明度设置为 50% 的效果，以及将图层混合模式设置为"变暗"的效果（此时设置"不透明度"为 100%）。从这一效果中可以看出，蒙版上方图层的不透明度设置不会显示"背景"图层的内容，只会显示剪贴蒙版下方图层即基层的图像。

a)   b)

图 8-8　图层编辑后的效果

a）不透明度为 50% 时的效果　b）图层混合模式为"变暗"时的效果

8.1.3　图层蒙版

图层蒙版

　　可以简单理解图层蒙版为：与图层捆绑在一起，用于控制图层中图像的显示与隐藏的蒙版，且此蒙版中装载的全部为灰度图像，并以蒙版中的黑、白图像来控制图层缩略图中图像的隐藏或显示。图层蒙版的最大优势是在显示或隐藏图像时，所有操作均在蒙版中进行，不会影响图层中的图像。

1. 创建图层蒙版

　　单击"图层"面板底部的"添加图层蒙版"按钮▣，可以创建一个白色图层蒙版，按住〈Alt〉键并单击该按钮可以创建一个黑色图层蒙版。

　　创建蒙版后既可以在图像中操作，也可以在蒙版中操作。以白色蒙版为例，创建蒙版后蒙版的缩略图上将显示一个矩形框，说明该蒙版处于编辑状态，这时若在画布中绘制黑色图像，绘制的区域将使图像隐藏。单击图像缩略图进入图像的编辑状态，在画布中绘制黑色图像，呈现黑色图像，如图8-9所示。

a)　　　　　　　　　　　　　　　　　b)

图8-9　图层编辑后的效果

a）在蒙版中绘制图形　b）"图层"面板中的蒙版效果

　　要想将某一图层的蒙版复制到其他图层，可以按住〈Alt〉键并拖动蒙版缩略图到想要复制的图层即可；若直接单击并拖动图层蒙版缩略图，可以将该蒙版转移到其他图层；如果按住〈Shift〉键单击并拖动蒙版缩略图，除了将该蒙版转移到其他图层外，还会将转移后的蒙版进行反相处理，即蒙版与显示的区域相反。

2. 图层蒙版与选区

　　当画布中存在选区时，单击"图层"面板底部的"添加图层蒙版"按钮，直接在选区中填充白色显色，在选区外填充黑色，使选区外的图像隐藏，如图8-10所示。

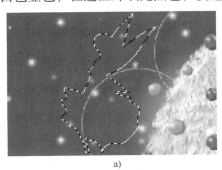 

a)　　　　　　　　　　　　　　　　　b)

图8-10　使用选区创建蒙版

a）图像中存在的选区　b）创建蒙版后的效果

3. 图层蒙版与通道

　　蒙版与通道都是256级色阶的灰度图像，它们有许多相同的特点，比如黑色代表未被选择的区域，白色代表选择的区域，灰色代表半透明区域，所以可以将通道转化为蒙版。将添加图层蒙版的图层放置在最上方，在"通道"面板中选择主题颜色与背景对比强烈，并且主题本身的明暗关系较小的通道复制。接下来将通道转化为选区，然后在"图层"面板中创建蒙版。在如图8-11所示的玫瑰花素材中复制的是"蓝"通道，并且使用了"色阶"命令调整其对比度。

a)

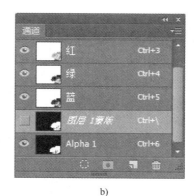

b)

图8-11 使用通道建立蒙版

a）蒙版效果图 b)"通道"面板

8.1.4 矢量蒙版

矢量蒙版

图层蒙版是依靠路径来限制图像的显示与隐藏的，因此它创建的都是具有规则边缘的蒙版。图层矢量蒙版是通过钢笔工具或者形状工具所创建的矢量图形，因此在输出时矢量蒙版的光滑度与分辨率无关，能够以任意一种分辨率进行输出。与剪贴蒙版不同的是，它仅能作用于当前图层，并且与剪贴蒙版控制图像显示区域的方法也不尽相同。

1. 创建编辑矢量蒙版

执行"图层"→"矢量蒙版"→"显示全部"命令，可以创建显示整个图层图像的矢量蒙版；执行"图层"→"矢量蒙版"→"隐藏全部"命令，可以创建隐藏整个图层图像的矢量蒙版。前者创建的矢量蒙版呈现白色，后者则呈现灰色，分别如图8-12和图8-13所示。

图8-12 "显示全部"矢量蒙版

图8-13 "隐藏全部"矢量蒙版

创建矢量蒙版后，还可以在蒙版中添加路径形状来设置蒙版的遮罩区域，选择"自定形状工具"后，启用选项栏中的"路径"选项与"计算路径"选项，在矢量蒙版中计算路径。蒙版中的路径和在"路径"面板中的一样可以进行编辑。

在创建矢量蒙版时，可以应用当前创建好的路径，首先在"路径"面板中选择用于创建矢量蒙版的路径，然后在"图层"面板中选择要创建矢量蒙版的图层，执行"图层"→"矢量蒙版"→"当前路径"命令即可，图 8-14 所示为原图像及对应的"图层"面板，图 8-15 所示为利用"当前路径"命令创建矢量蒙版后的效果及对应的"图层"面板。

a)　　　　　　　　　　　　　b)

图 8-14　源图像及对应的"图层"面板

a）源图像　b）"图层"面板

 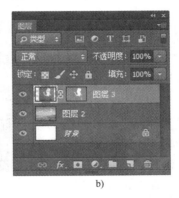

a)　　　　　　　　　　　　　b)

图 8-15　创建矢量蒙版后的效果及"图层"面板

a）创建矢量蒙版后的效果　b）"图层"面板

2. 将矢量蒙版转化为图层蒙版

对于一个矢量蒙版，它比较适合于为图像添加边缘界限明显的蒙版效果，但仅能用钢笔工具、矩形工具等工具对其进行编辑。如果想使用其他工具进行编辑，可以通过将矢量蒙版栅格化，从而将其转化为图层蒙版，再继续使用其他绘图工具继续编辑。方法是执行"图层"→"栅格化"→"矢量蒙版"命令，或者在要栅格化的蒙版缩略图上右击，在弹出的快捷菜单中选择"栅格化矢量蒙版"命令即可。

8.1.5　案例实现过程

本案例主要使用快速蒙版及图层蒙版控制图片显示的方式实现。具体操作步骤如下。

1）新建一个"宽度"为 400 像素，"高度"为 500 像素的文档。首先，在"图层"面板中创建一个新图层，并命名为"花纹"。选择"画

案例：房地产
广告设计

笔工具", 在"画笔预设"中选择一种花纹画笔形状, 将前景色设置为黑色, 在"花纹"图层画布的右上角绘制出花纹, 并在"图层"面板中将其"不透明度"设置为30%, 效果如图8-16所示。

2) 将素材图片"建筑"置入场景中, 并将其所在图层命名为"建筑", 调整其大小, 放置在画布的左上角, 如图8-17所示。

图8-16 绘制的花纹效果

图8-17 置入素材图片

3) 在"图层"面板中选择"建筑"图层后, 按住〈Alt〉键并单击"图层"面板下方的"添加矢量蒙版"按钮 (或者执行"图层"→"图层蒙版"→"隐藏全部"命令), 创建一个"隐藏全部"的图层蒙版。

4) 选择"画笔工具", 在"画笔预设"中选择"喷溅"画笔形状, 将其大小设置为60 px。将工具箱中的前景色设置为白色, 并选择"建筑"图层的蒙版, 使之四周显示边框 (表示已选中), 接下来利用已设置好的画笔工具在画布中的建筑上面进行涂抹, 效果如图8-18所示。

a)

b)

图8-18 利用蒙版显示的图片效果

a) 添加蒙版图片所显示的效果　b)"图层"面板

5）新建一个图层并命名为"底边"，利用"油漆桶工具"将其填充为黑色。执行"图层"→"图层蒙版"→"隐藏全部"命令，为该图层创建一个黑色图层蒙版。

6）选择"画笔工具"，在"画笔预设"中选择"大油彩蜡笔"，如图8-19所示。单击"切换画笔面板"按钮，在"画笔"面板中选择"形状动态"复选框，将"角度抖动"和"圆角抖动"分别设置为15%和20%，如图8-20所示。

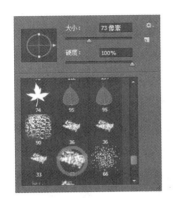

图8-19　"画笔预设"面板

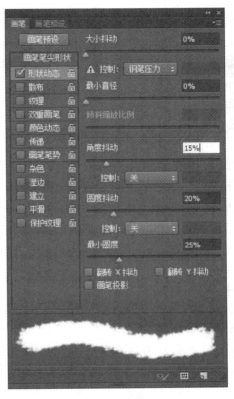

图8-20　"画笔"面板

7）将前景色设置为白色，利用预设好的画笔，在"底边"图层的蒙版上横向涂抹，将图层中的底部显示出来，效果如图8-21所示。

8）将"荷花"素材置入画布中，将其命名为"荷花"并锁定该图层，按住〈Alt〉键并单击"图层"面板下面的"添加矢量蒙版"按钮，创建一个"隐藏全部"的图层蒙版。

9）选择"画笔工具"，选择"模糊"形状，设置前景色为白色，选中图层中的蒙版后，将荷花及荷叶涂抹出来，效果如图8-22所示。

10）将已创建好的文字素材置入场景中，放到中间空白的位置。并利用"钢笔工具"将房产的宣传口号写在文字素材的右侧。为了取得较好的效果，可适当设置文字的不透明度，形成如图8-23所示的效果。

11）接下来继续利用"画笔工具"进行装饰，在"画笔预设"中选择花朵形状画笔，在黑色底边的左侧绘制一个装饰用的花朵，设置颜色为白色，并在其右侧标注热线电话等文字。最后将"装饰框"素材置入画布中，放置在画布左上角，图层应该位于"建筑"图层的下方，最终效果如图8-1所示。

图 8-21　涂抹后的效果　　　　图 8-22　添加荷花后的效果　　　　图 8-23　添加文字后效果

8.1.6　应用技巧与案例拓展

1. 应用技巧

技巧 1：创建图层蒙版后，还可以在画布中显示蒙版内容，方法是按住〈Alt〉键并单击蒙版缩略图即可。

技巧 2：按住〈Shift〉键并单击缩略图可将蒙版关闭。

技巧 3：按〈Alt + Shift〉组合键并单击蒙版缩略图，可以在画布中显示彩色蒙版，类似快速蒙版的显示效果。

2. 案例拓展

蒙版的最大好处在于使用蒙版后并不破坏原先图像，保证了原图像的完整性及重复利用性。接下来将结合使用蒙版、色彩调整等操作合成一幅图像。

1）依次打开图像合成素材文件夹中的"沙滩"和"云彩"素材，如图 8-24 所示，并且双击"背景"图层，将其转化为普通图层。

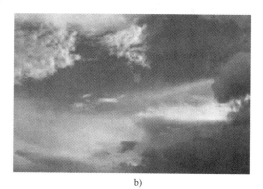

a)　　　　　　　　　　　　　　　　　　　　b)

图 8-24　素材图片

a) 沙滩素材　b) 云彩素材

2）将打开的"云彩"文件拖动至"沙滩"文件中，并调整其大小和位置，如图 8-25 所示。

3）选中"云彩"所在的图层，执行"图层"→"图层蒙版"→"显示全部"命令，创建一个图层蒙版。将前景色设置为白色，背景色设置为黑色，选择渐变填充工具，设置渐变方式为"背景色到前景色渐变",填充图层中的蒙版,效果如图 8-26 所示,黑白的界限大约沿着海的岸边,效果如图 8-27 所示。

图 8-25　图像的摆放　　　　　　　　　　图 8-26　图层中的蒙版

4)在两幅图像重合的边缘可能不够圆滑,这时可以利用"模糊"的"画笔工具",使用黑色在蒙版中进行涂抹。

5)在"图层"面板菜单中选择"合并可见图层"命令,将图层合并,会发现合并后的图像颜色比较昏暗。按〈Ctrl+J〉组合键,复制得到一个新图层"图层 1",设置图层混合模式为"滤色",将图像颜色变亮,如图 8-28 所示。

图 8-27　设置渐变填充后的效果　　　　图 8-28　应用"滤色"混合模式后的效果

6)继续复制上述合并后的图层得到"图层 2",并将其放置在"图层 1"图层的上方,将其混合模式设置为"柔光",这时会发现图像光线较柔和,如图 8-29 所示。

7)在天高气爽的环境中,图像显得有些模糊,这时再次合并所有图层。对合并后的图层执行"滤镜"→"锐化"→"锐化"命令,将图像变得清晰起来,如图 8-30 所示。

图 8-29　应用"柔光"混合模式后的效果　　　图 8-30　应用"锐化"混合模式后的效果

8）至此，图像合成完毕，可以利用画笔工具等进行修饰，最终效果如图 8-31 所示。

图 8-31　合成后的效果

8.2　案例 2：光盘封面设计

本案例将以贺年歌曲为素材，利用蒙版技术制作一个光盘封面，案例效果如图 8-32 所示。

图 8-32　案例效果图

8.2.1　蒙版的高级应用

在所有蒙版中，最常用的是图层蒙版。图层蒙版与分辨率有关，在图层蒙版中可以使用滤镜命令，并且可以用图像制作图层蒙版。

1. 蒙版与滤镜

创建图层蒙版后，可以结合滤镜命令创建出特殊的图层合成效果。在图层蒙版中，大部分命令均可以使用。例如，使用矩形选框工具创建图层蒙版后，选区内的区域表示显示图像并可显示其下方图层中的图像，选区外的区域表示隐藏图像，如图8-33所示。

a)   b)

图8-33 用矩形选框工具创建的蒙版

a）蒙版后的效果 b）蒙版图层

接下来单击图层蒙版缩略图，使之处于编辑状态（周围显示灰色边框），执行"滤镜"→"滤镜库"→"扭曲"→"玻璃"命令，得到的边缘效果如图8-34所示。

继续在图层蒙版中执行"滤镜"→"扭曲"→"旋转扭曲"命令，得到的边缘效果如图8-35所示。

图8-34 使用"玻璃"滤镜后的效果   图8-35 使用"旋转扭曲"滤镜后的效果

2. 用图像制作蒙版

在Photoshop中，可以将通道转换为图层蒙版，也可以将外部图像复制到图层蒙版中，然后把外部颜色图像变成灰度图像，图层蒙版会根据不同程度的灰色隐藏图层内容。

用图像制作图层蒙版的方法是，首先在要建立图层蒙版的图层中建立显示内容的图层蒙版，即白色的图层蒙版。将要复制到图层蒙版中的图像全选并且复制（在本例中使用的是苹果图像），然后按住〈Alt〉键并单击图层蒙版缩略图，使画布进入蒙版编辑状态后粘贴，此时彩色图像转换为灰度图像，效果如图8-36所示。

a)   b)

图8-36　使用图像创建蒙版

a）使用图像创建蒙版的"图层"面板　b）使用图像创建蒙版的效果

8.2.2　同时使用图层蒙版和矢量蒙版

为图像添加矢量蒙版后图像的边缘比较锐利，其缺点就是不能和背景很好地融合在一起。如果想使图像既保留一部分的锐利边缘，又能使其他部分很好地和背景融合在一起，只要同时使用图层蒙版与矢量蒙版，就可以产生所需要的效果了。

利用已经创建好的沿着钢琴的路径，执行"图层"→"矢量蒙版"→"路径"命令后，为图层添加矢量蒙版效果和对应的"图层"面板如图8-37所示，此时钢琴的边缘缺少过渡效果。

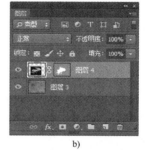

a)   b)

图8-37　矢量蒙版效果

a）创建矢量蒙版后的效果　b）矢量蒙版"图层"面板

接下来使用"添加蒙版"命令为图层继续添加一个图层蒙版，使用"模糊"的画笔工具进行涂抹，使钢琴一侧边缘与背景更好地融合在一起。此时钢琴的一侧边缘很锐利，另一侧又能很好地与背景融合，效果如图8-38所示。

a)   b)

图8-38　添加图层蒙版后的效果

a）添加图层蒙版后的效果　b）添加图层蒙版后的"图层"面板

8.2.3　案例实现过程

本案例综合了多种蒙版使用方法，将多个素材图像进行整合，最终实现光盘盘面的效果，具体操作步骤如下。

1）创建一个"宽度"和"高度"都为 600 像素的文档，将画布的中心拖至画布中心，并拖动两条参考线放在画布的中间位置，如图 8-39 所示。

2）选择"椭圆选框工具"，在其选项栏中设置"羽化"选项为 0，以参考线交叉点为起点，按〈Alt + Shift〉组合键，绘制一个圆形选区（直径约为 6 厘米，可使用参考线）。接下来新建一个图层，并命名为"黑色边框"，选中该图层，将选区填充为黑色，如图 8-40 所示。

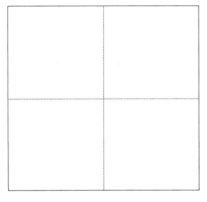
图 8-39　带参考线的画布

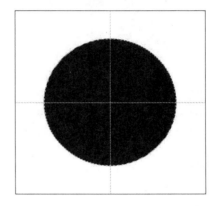
图 8-40　填充为黑色的选区

3）执行"选择"→"修改"→"收缩"命令，将选区缩小 10 像素。继续新建一个图层，并命名为"盘面"，填充为红色径向渐变（be0d0a 到 a80b04），效果如图 8-41 所示。

4）选择"椭圆选框工具"，以参考线的交叉点为起点，按〈Alt + Shift〉组合键，绘制一个直径约为 2 cm 的圆形选区。依次选择"盘面"和"黑色边框"图层，将图层上选区内的图像删除，如图 8-42 所示。

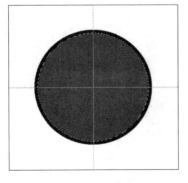
图 8-41　带参考线的画布

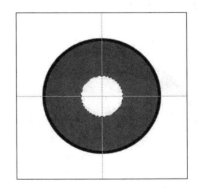
图 8-42　删除中心后的效果

5）选择"椭圆选框工具"，在其选项栏中设置创建选区的方式为"从选区中减去"，继续以参考线的交叉点为起点，按〈Alt + Shift〉组合键，绘制一个直径约为 1 cm 的圆形选区。

6）新建一个图层并命名为"内圈"，在该图层上将选区填充为浅蓝色，并进行2像素的白色描边，如图8-43所示。

7）按〈Ctrl+D〉组合键，取消选区，执行"窗口"→"取消参考线"命令，将参考线取消。

8）接下来将"荷花"素材导入场景中，将其命名为"荷花"，调整其大小，将其放到盘面的右下角位置，如图8-44所示。

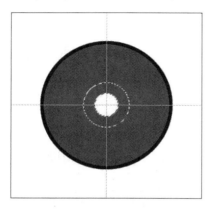

图8-43　填充了内圈颜色的效果

图8-44　导入的荷花素材

9）按住〈Ctrl〉键并单击"盘面"图层的缩略图，将图层中的盘面转化为选区。选择"荷花"图层，单击"图层"面板下方的"添加图层蒙版"按钮 ▣，创建一个图层蒙版，如图8-45所示。

10）按住〈Alt〉键并单击"荷花"图层上的图层蒙版，使图层蒙版处于编辑状态，继续按住〈Ctrl〉键并单击图层蒙版的缩略图，将白色部分转化为选区。选择渐变填充工具，将前景色设置为黑色，背景色设置为白色，设置渐变方式为"从前景色到背景色渐变"，从右上角到右下角进行填充。当返回到图像显示状态时会发现，荷花图像的上边缘位置仍然显露出来，这时可以使用黑色模糊的画笔工具在图层蒙版中对细节进行涂抹，效果如图8-46所示。单击荷花的缩略图，效果如图8-47所示。

图8-45　创建图层蒙版

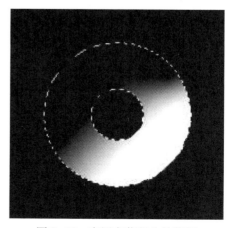

图8-46　应用在荷花上的蒙版

11）将素材图片"片名"置入到场景中，将其所在图层命名为"片名"，接下来将素材中的图像选取出来。将除本图层以外的其他所有图层隐藏（单击图层缩略图前面的眼睛图标，即可隐藏该图层）。打开"通道"面板，选择对比度较大的通道进行复制，在此选择的是"绿"通道，复制后得到"绿 拷贝"通道。

12）选择"绿 拷贝"通道，执行"调整"→"曲线"命令，弹出"曲线"对话框，如图 8-48 所示，设置相关参数，将通道建立起来，如图 8-49 所示。

图 8-47　添加图层蒙版后的效果

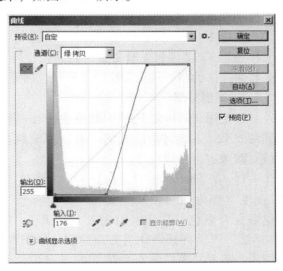

图 8-48　设置"曲线"对话框

13）按住〈Ctrl〉键并单击"绿 拷贝"通道的缩略图，建立选区，回到"图层"面板中，选择"片名"图层，应用当前的选区建立蒙版，调整片名图像的大小及位置。为了突出其立体效果，设置其图层混合样式为"投影"。显示所有图层，效果如图 8-50 所示。

图 8-49　建立的"绿 拷贝"通道

图 8-50　加入"片名"后的盘面效果

14）在盘面左侧写明盘面的内容，并进行适当的美化，如添加背景、利用黑白渐变蒙版制作倒影效果等，最终效果如图 8-32 所示。

8.2.4 应用技巧与案例拓展

案例：老照片制作

1. 应用技巧

技巧1：当不想使用图层蒙版时，可以右击图层蒙版，在弹出的快捷菜单中选择相应的命令将其删除，或者按住〈Shift〉键并单击蒙版缩略图将其停用。删除图层蒙版后则不能恢复，如果是停用图层蒙版，还可以启用继续使用。

技巧2：要为矢量蒙版添加路径，还可以将现有的路径复制到矢量蒙版中。

技巧3：要编辑矢量蒙版中的路径，可以执行"编辑"→"自由变换路径"命令，对矢量蒙版中的路径进行缩放、旋转和透视等变形之后，图像会随之发生变化。

2. 案例拓展

在使用蒙版时结合使用滤镜会出现意想不到的效果，下面将介绍如何综合使用蒙版与滤镜对图像进行特殊处理。

图8-51　素材图片

1）在 Photoshop 中创建一个"宽度"与"高度"都为600像素的文档，将"背景"图层填充为黑色。打开素材图片"照片"，双击"背景"图层将其转化为普通图层，如图8-51所示。将素材图像拖至新创建的画布中，并将所在图层命名为"照片"。

2）在"背景"图层的上方新建一个图层，命名为"照片背景"，并将其填充为深黄色（cba173）。并执行"滤镜"→"滤镜库"→"艺术效果"→"胶片颗粒"命令，在弹出的对话框中将"颗粒大小"设置为2。隐藏"照片"图层，得到如图8-52所示的颗粒效果。

3）显示"照片"图层，在画布中照片的周围建立矩形选区，如图8-53所示。

图8-52　应用"胶片颗粒"滤镜后的效果

图8-53　建立矩形选区

4）选择"照片背景"图层，依据刚建立的选区建立图层蒙版。

5）单击"照片背景"图层中的蒙版缩略图，使之四周出现边框，处于选中状态。接下来执行"滤镜"→"滤镜库"→"画笔描边"→"喷溅"命令，在弹出的对话框中设置"喷色半径"为10，"平滑度"为8，如图8-54所示。单击"确定"按钮后，形成如图8-55所示的老照片撕边的效果。

图8-54　设置"喷溅"对话框

图8-55　应用"喷溅"滤镜后的效果

6）选择"照片"所在的图层，将图层混合模式设置为"正片叠底"，是照片很好地和背景融合在一起，效果如图8-56所示。

7）使用画笔工具在照片的下方添加一些装饰，并利用文字工具将文字写在图像与装饰之间，最终形成如图8-57所示的效果。

图8-56　应用"正片叠底"滤镜后的效果

图8-57　最终效果

8.3　小结

蒙版用来保护被遮蔽的区域，具有高级选择功能，同时也能够对图像的局部进行颜色调整，而使图像的其他部分不受影响。本章主要介绍了蒙版的类型、不同蒙版的建立与编辑方式，以及蒙版的高级应用。在实际操作中应注意蒙版与颜色调整、滤镜、通道的综合应用，从而实现高级效果。

8.4　项目作业

文房四宝的合成。以文房四宝为主题，充分利用通道进行蒙版创建，结合渐变图层蒙版的使用方法，将素材图片合成。合成后充分利用图层样式，如正片叠底等，对图像进行处理，效果如图 8-58 所示。

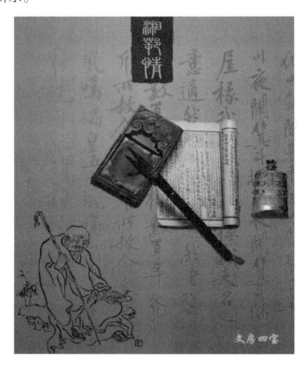

图 8-58　合成后的图像效果

第9章　滤镜的应用

9.1　案例：浓情巧克力的制作

"滤镜"这一专业术语源于摄影，通过它可以模拟一些特殊的光照效果，或是带有装饰性的纹理效果。Photoshop 提供了多种滤镜效果，且功能强大，被广泛应用于各种领域，合理地应用滤镜可以使用户在处理图像时轻而易举地制作出绚丽的图像效果。

滤镜主要是用来实现图像的各种特殊效果，它在 Photoshop 中具有非常神奇的作用。滤镜的操作非常简单，但是真正用起来却很难恰到好处，需要掌握每种滤镜的效果，并不断地加以练习。本节通过浓情巧克力的制作来学习 Photoshop 中滤镜的使用方法，案例效果如图 9-1 所示。

图 9-1　浓情巧克力效果图

9.1.1　滤镜的使用方法和技巧

Photoshop 中的滤镜种类多样，功能和应用也各不相同，因此，所产生的效果也不尽相同。掌握并运用好滤镜，除了需要掌握滤镜的使用原则外，更重要的是将滤镜合理、有效地应用于实践中。

1. 滤镜的基本操作

Photoshop 本身带有许多滤镜，其功能各不相同，但是所有滤镜都有相同的规则，只有遵循这些规则，才能准确有效地使用滤镜功能。

首先，Photoshop 会针对选区范围进行滤镜处理，打开素材文件夹中

滤镜的基本操作

171

的"花.jpg"图片，执行"滤镜"→"扭曲"→"玻璃"命令，针对选区的"滤镜"命令只对选区起作用，如果图像中没有选区，则对整个图像进行处理，如图9-2所示。

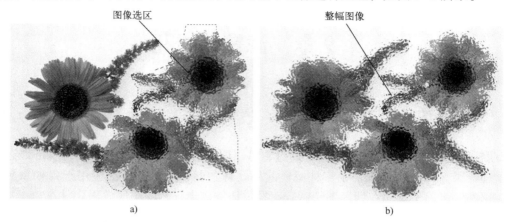

图像选区　　　　　　　　　　　　　　　　整幅图像

a)　　　　　　　　　　　　　　　　　　b)

图9-2　滤镜应用到选区内与整个图像的对比效果
a）只对选区内的图像起作用　b）对整幅图像起作用

在只对局部图像进行滤镜处理时，可以将选区边缘羽化，使处理的区域与原图像自然地结合，减少突兀的感觉。

在Photoshop的绝大多数滤镜对话框中，都有预览功能，如图9-3所示的"添加杂色"对话框。执行滤镜需要花费很长时间，使用预览功能可以在设置滤镜参数的同时预览效果。

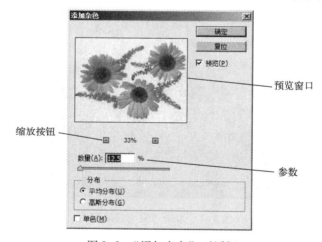

预览窗口

缩放按钮

参数

图9-3　"添加杂色"对话框

将光标指向预览框后，光标变成手形，这时单击并拖动鼠标即可在预览框中移动图像。如果图像尺寸过大，还可以将光标指向图像，当光标变成方框后单击，此时预览框内会立即显示整幅图像。

当对文本图层或者形状图层执行"滤镜"命令时，Photoshop会提示先转换为普通图层后再执行。

2. 滤镜的使用原则

所有的滤镜效果都有相同之处，用户只有遵守基本的使用原则，才能准确有效地使用各种滤镜功能。

掌握滤镜的使用原则是必不可少的，具体内容如下。

1）上次使用的滤镜显示在"滤镜"菜单顶部，按〈Ctrl + F〉组合键，可再次以相同参数应用上一次的滤镜，按〈Ctrl + Alt + F〉组合键，可再次打开相应的滤镜对话框。

2）滤镜可应用于当前选择范围、当前图层或通道，若需要将滤镜应用于整个图层，则不要选择任何图像区域或图层。

3）有些滤镜只对 RGB 颜色模式图像起作用，而不能将滤镜应用于位图模式或索引模式图像，也有些滤镜不能应用于 CMYK 颜色模式图像。

4）有些滤镜完全是在内存中进行处理的，因此在处理高分辨率图像时非常消耗内存。

3. 混合滤镜效果

通过执行"编辑"→"渐隐"命令，即可将应用滤镜后的图像与原图像进行混合。

混合滤镜效果的具体使用步骤如下。

1）打开素材图片文件夹中的"淡雅.jpg"文件，如图 9-4 所示，按快捷键〈Ctrl + J〉，复制图层。

混合滤镜

图 9-4　"淡雅.jpg"素材图像

2）执行"滤镜"→"扭曲"→"玻璃"命令，弹出"玻璃"对话框，设置"扭曲度"为 5，"纹理"为"磨砂"，"平滑度"为 2，"缩放"为 150，如图 9-5 所示。

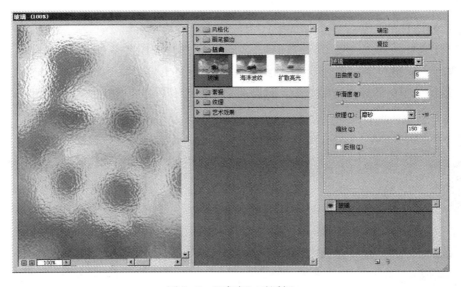

图 9-5　"玻璃"对话框

3）单击"确定"按钮，即可应用玻璃滤镜效果，如图 9-6 所示。

4）执行"编辑"→"渐隐玻璃"命令，弹出"渐隐"对话框，设置"不透明度"为 80%，单击"确定"按钮，即可制作出混合滤镜效果，如图 9-7 所示。

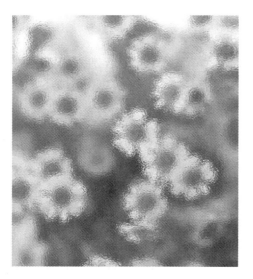

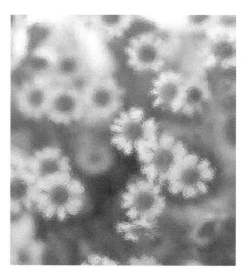

图9-6　应用"玻璃"滤镜后的效果　　　　　　图9-7　混合滤镜效果

9.1.2　使用智能滤镜的方法

智能滤镜只能应用于智能对象，可以将滤镜的参数和设置进行保存，但图像所应用的滤镜效果不会被保存。

1. 创建智能滤镜

只有将所选择的图层转换为智能对象，才能应用智能滤镜，"图层"面板中的智能对象可以直接将滤镜添加到图像中，但不破坏图像本身的像素。

创建智能滤镜的具体操作步骤如下。

1）打开素材图片文件夹中的"向日葵.jpg"文件，如图9-8所示。

智能滤镜

2）执行"滤镜"→"转换为智能滤镜"命令，弹出信息提示框，单击"确定"按钮，即可将"背景"图层转换为智能对象，且图层缩略图的右下角将显示一个智能图标，如图9-9所示。

图9-8　"向日葵.jpg"素材图像

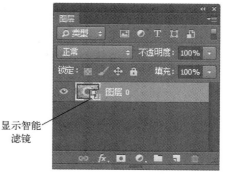

图9-9　转换为智能滤镜

3）选择"椭圆选框工具"，创建中间向日葵的选区，执行"选择"→"反向"命令，

174

使选择区进行反向，执行"选择"→"修改"→"羽化"命令，在弹出的对话框中设置"羽化半径"为 10 像素，如图 9-10 所示。

4）单击"确定"按钮，即可将选区边缘进行羽化，如图 9-11 所示。

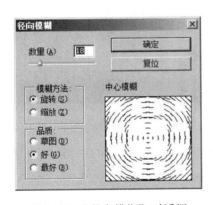

图 9-10　"羽化选区"对话框　　　　　　　　图 9-11　羽化选区效果

5）执行"滤镜"→"模糊"→"径向模糊"命令，在弹出的"径向模糊"对话框中设置"数量"为 18，选择"旋转"和"好"单选按钮，如图 9-12 所示。

6）单击"确定"按钮，即可对选区中的图像进行径向模糊，效果如图 9-13 所示，所应用的滤镜效果图层也以"智能滤镜"的名称显示。

图 9-12　"径向模糊"对话框　　　　　　　　图 9-13　图像显示效果

2. 编辑智能滤镜

用户对图像创建智能滤镜后，若对滤镜的参数设置或效果不满意，则可以根据需要对智能滤镜的相应属性进行更改。编辑智能滤镜的具体操作步骤如下。

1）在图 9-13 的基础之上，在"智能滤镜"子图层的"径向模糊"上右击，在弹出的快捷菜单中选择"编辑智能滤镜混合选项"命令，如图 9-14 所示。

2）弹出"混合选项"对话框，设置"模式"为"正片叠底"，"不透明度"为 68％，如图 9-15 所示。单击"确定"按钮，即可更改图像所使用的智能滤镜的效果，如图 9-16 所示。

图 9-14 "图层"面板

图 9-15 "混合选项"对话框

3）参照步骤 1 的操作方法，在"径向模糊"上右击，在弹出的快捷菜单中选择"编辑智能滤镜"命令，弹出"径向模糊"对话框，设置"数量"为 80，"模糊方法"为"缩放"，单击"确定"按钮，即可更改图像使用智能滤镜的效果，如图 9-17 所示。

图 9-16 设置混合选项后的效果

图 9-17 修改"径向模糊"参数后的效果

9.1.3 特殊滤镜的应用

特殊滤镜对于众多滤镜组中的滤镜而言，功能相对强大且独立，使用频率较高。Photoshop 中的特殊滤镜主要有"镜头校正""液化"滤镜和"消失点"滤镜。

1. "镜头校正"滤镜

"镜头校正"滤镜是 Photoshop 中新增的一个滤镜效果，可以用于对失真或倾斜的图像进行校对，还可以调整图像的扭曲、色差、晕影和变换效果，使图像恢复到正常状态。具体操作步骤如下。

1）打开素材图片文件夹中的"海豚 .jpg"文件，如图 9-18 所示。

2）执行"滤镜"→"镜头校正"命令，如图 9-19 所示。

"镜头校正"滤镜

3）弹出"镜头校正"对话框，选择对话框左侧的"移动扭曲工具"，将鼠标指针移至预览框中的图像中央，按住鼠标左键并拖曳，效果如图 9-20 所示。

4）单击"确定"按钮，即可对图像进行镜头校正，效果如图 9-21 所示。

图 9-18　"海豚.jpg"素材图像

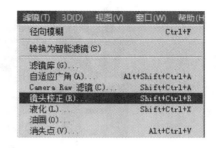

图 9-19　执行"镜头校正"命令

图 9-20　按住鼠标左键并拖曳

图 9-21　应用"镜头校正"滤镜后的效果

2.　"液化"滤镜

使用"液化"滤镜可以逼真地模拟液体流动的效果，用户可以通过它调整图像的弯曲、旋转、扩展和收缩等效果，但是该滤镜不能在索引模式、位图模式和多通道色彩模式的图像中使用。

1）打开素材图片文件夹中的"龙.jpg"文件，如图 9-22 所示。

2）执行"滤镜"→"液化"命令，弹出"液化"对话框，选择"向前变形工具"，将鼠标指针移至图像预览框的合适位置，按住鼠标左键并拖曳，即可使图像变形，如图 9-23 所示。

3）用与上面同样的方法，在图像预览框中对图像的其他区域进行液化变形，如图 9-24 所示。

4）单击"确定"按钮，即可将预览窗口中的液化变形应用到图像编辑窗口的图像上，效果如图 9-25 所示。

"液化"滤镜

图 9-22　"龙.jpg"素材图像

图 9-23 "液化"对话框

图 9-24 液化变形图像

178

3. "消失点"滤镜

应用"消失点"滤镜时,用户可以自定义透视参考线,从而将图像复制、转换或移动到透视结构上。对图像进行透视校正后,将通过消失点在图像中指定平面,并应用绘画、仿制、粘贴及变换等操作,对图像进行编辑。

1)打开素材图片文件夹中的"广场.jpg"文件,如图9-26所示。

2)执行"滤镜"→"消失点"命令,弹出"消失点"对话框,单击"创建平面工具"按钮,在图像编辑窗口的合适位置连续单击,创建一个透视矩形框,并适当地调整透视矩形框,如图9-27所示。

"消失点"滤镜

图9-25 应用"液化"滤镜后的图像

图9-26 "广场.jpg"素材图像

矩形选框

图9-27 创建透视矩形选框

3)单击"选框工具"按钮，在透视矩形框中按住鼠标左键并拖曳,创建一个透视矩形选框,按住〈Alt〉键的同时,按住鼠标左键并向下拖曳,效果如图9-28所示。

4)单击"确定"按钮,即可为图像添加"消失点"滤镜效果,如图9-29所示。

拖曳鼠标

图9-28 移动矩形选框

图9-29 应用"消失点"滤镜后的图像

9.1.4 常用滤镜

在Photoshop CC中有很多常用的滤镜,如"像素化"滤镜、"扭曲"滤镜和"杂色"滤镜等,下面将分别介绍这些基本滤镜的应用。

1. "像素化"滤镜

"像素化"滤镜主要是按照指定大小的点或块，对图像进行平均分块或平面化处理，从而产生特殊的图像效果。"像素化"滤镜主要包括"彩块化""彩色半调""点状化""晶格化""马赛克""碎片"和"铜板雕刻"等功能。现以"彩块化"与"马赛克"为例讲解"像素化"滤镜的使用方法。

1）打开素材图片文件夹中的"鲜花.jpg"文件，如图9-30所示。

2）执行"滤镜"→"像素化"→"彩块化"命令，即可将"彩块化"滤镜应用于图像中，如图9-31所示。

图9-30 "鲜花.jpg"素材图像

图9-31 应用"彩块化"滤镜后的图像效果

3）执行"滤镜"→"像素化"→"马赛克"命令，弹出"马赛克"对话框，设置"单元格大小"为5，如图9-32所示。

4）单击"确定"按钮，即可将"马赛克"滤镜应用于图像中，效果如图9-33所示。

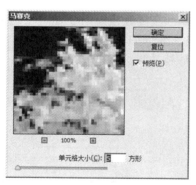

图9-32 "马赛克"对话框

图9-33 应用"马赛克"滤镜后的图像效果

2. "扭曲"滤镜

"扭曲"滤镜的主要作用是将图像按照一定的方式在几何意义上进行扭曲，使用该滤镜可以模拟产生水波、镜面和球面等效果。"扭曲"滤镜有"波浪"、"玻璃""极坐标"和"球面化"等功能，应用"扭曲"滤镜的具体操作步骤如下。

1）打开素材图片文件夹中的"雪山水域.jpg"文件，如图9-34

所示。

2）选择"椭圆选框工具"，在图像编辑窗口中绘制一个大小合适的椭圆选区，执行"选择"→"修改"→"羽化"命令，在弹出的对话框中设置"羽化半径"为15，单击"确定"按钮，羽化选区，效果如图9-35所示。

图9-34　"雪山水域.jpg"素材图像

图9-35　羽化选区

3）执行"滤镜"→"扭曲"→"水波"命令，弹出"水波"对话框，设置"数量"为80，"起伏"为8，"样式"为"水池波纹"，如图9-36所示。

4）单击"确定"按钮，即可将"水波"滤镜应用于图像中，如图9-37所示。

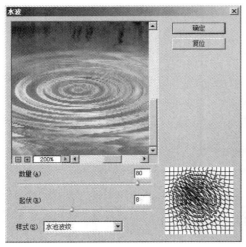
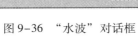

图9-36　"水波"对话框

图9-37　应用"水波"滤镜后的图像效果

3. "杂色"滤镜

应用"杂色"滤镜可以减少图像中的杂点，也可以增加杂点，从而使图像混合时产生色彩漫散的效果。应用"杂色"滤镜的具体操作步骤如下。

1）打开素材图片文件夹中的"紫砂壶.jpg"文件，如图9-38所示。

"杂色"滤镜

2）执行"滤镜"→"杂色"→"添加杂色"命令，弹出"添加杂色"对话框，设置"数量"为8％，"分布"为"高斯分布"，选择"单色"复选框，单击"确定"按钮，效果如图9-39所示。

图9-38　"紫砂壶.jpg"素材图像

图9-39　应用"杂色"滤镜后的图像效果

4. "模糊"滤镜

"模糊"滤镜

应用"模糊"滤镜，可以使图像中较清晰或对比度较强烈的区域产生模糊的效果。应用"模糊"滤镜的具体操作步骤如下。

1）打开素材图片文件夹中的"汽车.jpg"文件，如图9-40所示。

2）选择"椭圆选框工具"，将鼠标指针移至图像编辑窗口中的合适位置，创建一个与汽车一样大小的选区。执行"选择"→"反向"命令，反向选区，执行"选择"→"修改"→"羽化"命令，在弹出的对话框中设置"羽化半径"为10，单击"确定"按钮，羽化选区，效果如图9-41所示。

图9-40　"汽车.jpg"素材图像

图9-41　创建选区

3）执行"滤镜"→"模糊"→"径向模糊"命令，弹出"径向模糊"对话框，设置"数量"为30，选择"缩放"和"最好"单选按钮，如图9-42所示。

4）单击"确定"按钮，即可将"径向模糊"滤镜应用于图像中，效果如图9-43所示。

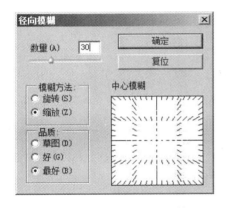

图 9-42 "径向模糊"对话框

图 9-43 应用"径向模糊"滤镜后的图像效果

5. "渲染"滤镜

应用"渲染"滤镜组中的滤镜可以制作出照明、云彩图案、折射图案和模拟光的效果，其中，"分层云彩"和"云彩"效果的图案是根据前景色和背景色进行变换的。应用"渲染"滤镜的具体操作步骤如下。

"渲染"滤镜

1）打开素材图片文件夹中的"雪狼.jpg"文件，如图 9-44 所示。

2）执行"滤镜"→"渲染"→"镜头光晕"命令，弹出"镜头光晕"对话框，设置"亮度"为 160%，选择"35 毫米聚焦"单选按钮，如图 9-45 所示。

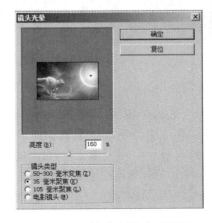

图 9-44 "雪狼.jpg"素材图像

图 9-45 "镜头光晕"对话框

3）单击"确定"按钮，即可将"镜头光晕"滤镜应用于图像中，效果如图 9-46 所示。

6. "画笔描边"滤镜

通过应用"画笔描边"滤镜组中不同的画笔或油墨描边，可以在图像中增加颗粒、线条、杂色或锐化细节等效果，从而制作出形式不同的绘画效果。应用"画笔描边"滤镜的具体操作步骤如下。

"画笔描边"滤镜

1）打开素材图片文件夹中的"小汽车.jpg"文件，如图 9-47 所示。

2）执行"滤镜"→"画笔描边"→"阴影线"命令，弹出"阴影线"对话框，设置"描边长度"为 25，"锐化程度"为 5，"强度"为 2。

图9-46 应用"镜头光晕"滤镜后的图像效果

3）单击"确定"按钮，即可将"阴影线"滤镜应用于图像中，效果如图9-48所示。

图9-47 "小汽车.jpg"素材图像

图9-48 应用"阴影线"滤镜后的图像效果

7. "素描"滤镜

"素描"滤镜组中除了"水彩画纸"滤镜是以图像的色彩为标准外，其他的滤镜都是用黑、白、灰来替换图像中的色彩，从而产生多种绘画效果。应用"素描"滤镜的具体操作步骤如下。

1）打开素材图片文件夹中的"江南水镇.jpg"文件，如图9-49所示。

2）设置前景色为黑色，执行"滤镜"→"素描"→"水彩画纸"命令，弹出"水彩画纸"对话框，设置"纤维长度"为15，"亮度"为60，"对比度"为80。

"素描"滤镜

3）单击"确定"按钮，即可将"水彩画纸"滤镜应用于图像中，效果如图9-50所示。

8. "纹理"滤镜

使用"纹理"滤镜可以为图像添加各式各样的纹理图案，通过设置各个选项的参数值或选项，可以制作出深度或材质不同的纹理效果。应用"纹理"滤镜的具体操作步骤如下。

1）打开素材图片文件夹中的"跑车.jpg"文件，如图9-51所示。

2）选择"磁性套索工具"，沿着敞篷车创建选区，执行"选择"→"反向"命令，使选区反向；执行"选择"→"修改"→"羽化"命令，在弹出的对话框中设置"羽化半径"为10，单击"确定"按钮，羽化选区，效果如图9-52所示。

"纹理"滤镜

图 9-49 "江南水镇.jpg" 素材图像

图 9-50 应用"水彩画纸"滤镜后的图像效果

图 9-51 "跑车.jpg" 素材图像

图 9-52 羽化选区

3）执行"滤镜"→"滤镜库"→"纹理"→"马赛克拼贴"命令，弹出"马赛克拼贴"对话框，设置"拼贴大小"为 12，"缝隙宽度"为 3，"加亮缝隙"为 9，如图 9-53 所示。

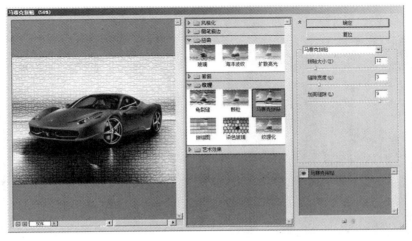

图 9-53 "马赛克拼贴"对话框

4）单击"确定"按钮，即可将"马赛克拼贴"滤镜应用于图像中，效果如图9-54所示。

图9-54 应用"马赛克拼贴"滤镜后的图像效果

9. "艺术效果"滤镜

"艺术效果"滤镜是模拟素描、蜡笔、水彩、油画及木刻石膏等手绘艺术的特殊效果，将不同的滤镜运用于不同的平面作品中，可以使图像产生不同的艺术效果。应用"艺术效果"滤镜的具体操作步骤如下。

1）打开素材图片文件夹中的"古镇.jpg"文件，如图9-55所示。

2）执行"滤镜"→"艺术效果"→"粗糙蜡笔"命令，弹出"粗糙蜡笔"对话框，并设置"描边长度"为3，"描边细节"为3，"纹理"为"画布"，"缩放"为80%，"凸现"为20。

3）单击"确定"按钮，即可将"粗糙蜡笔"滤镜应用于图像中，效果如图9-56所示。

图9-55 "古镇.jpg"素材图像

图9-56 应用"粗糙蜡笔"滤镜后的图像效果

10. "锐化"滤镜

"锐化"滤镜可以通过增加图像相邻像素之间的对比度,使图像变得清晰,该滤镜可以用于处理因摄影及扫描等原因而造成模糊的图像。应用"锐化"滤镜的具体操作步骤如下。

1)打开素材图片文件夹中的"火焰字.jpg"文件,如图9-57所示。

2)执行"滤镜"→"锐化"→"USM锐化"命令,弹出"USM锐化"对话框,设置"数量"为200,"半径"为5,"阈值"为5。单击"确定"按钮,即可将"USM锐化"滤镜应用于图像中,效果如图9-58所示。

"锐化"滤镜

图9-57 "火焰字.jpg"素材图像　　　　图9-58 应用"USM锐化"滤镜后的图像效果

11. "风格化"滤镜

"风格化"滤镜可以将选区中的图像像素进行移动,并提高像素的对比度,从而产生印象派等特殊风格的图像效果。应用"风格化"滤镜的具体操作步骤如下。

1)打开素材图片文件夹中的"帆船.jpg"文件,如图9-59所示。

2)执行"滤镜"→"风格化"→"查找边缘"命令,即可将"查找边缘"滤镜应用于图像中,如图9-60所示。

"风格化"滤镜

图9-59 "帆船.jpg"素材图像　　　　图9-60 应用"查找边缘"滤镜后的图像效果

9.1.5　案例实现过程

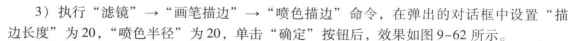

1）执行"文件"→"新建"命令（快捷键为〈Ctrl + N〉），新建一个文件，并命名为"浓情巧克力.psd"，再将画布设置成"宽度"为600像素，"高度"为600像素的正方形，设置背景为黑色。

2）执行"滤镜"→"渲染"→"镜头光晕"命令，弹出"镜头光晕"对话框，所有参数保持默认设置，效果如图9-61所示。

3）执行"滤镜"→"画笔描边"→"喷色描边"命令，在弹出的对话框中设置"描边长度"为20，"喷色半径"为20，单击"确定"按钮后，效果如图9-62所示。

图9-61　镜头光晕效果

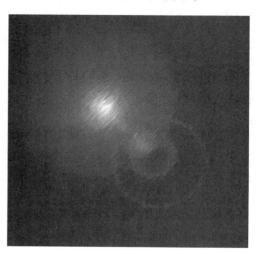

图9-62　应用"喷色描边"滤镜后的效果

4）继续执行"滤镜"→"扭曲"→"波浪"命令，在弹出的对话框中进行参数设置，具体为："生成器数"为20，"波长最小值"为20，"波长最大值"为120，"波幅最小"为5，"波幅最大"为35，"比例水平"为100%，"比例垂直"为100%，如图9-63所示，单击"确定"按钮后，效果如图9-64所示。

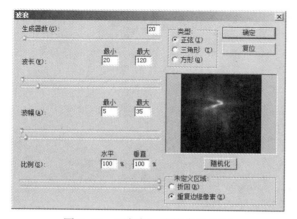

图9-63　"波浪"滤镜参数设置

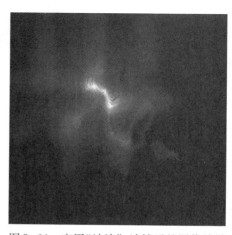

图9-64　应用"波浪"滤镜后的图像效果

5）执行"滤镜"→"素描"→"铬黄"命令，在弹出的对话框中设置"细节"为4，"平滑度"为7，单击"确定"按钮，效果如图9-65所示。

6）通过上面的步骤可以看到图像的主体颜色为黑色，尚不能出现金黄色的效果，因此要给图像上色。执行"图像"→"调整"→"色彩平衡"命令，弹出"色彩平衡"对话框，调整3种颜色的具体参数，如图9-66所示。

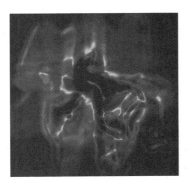

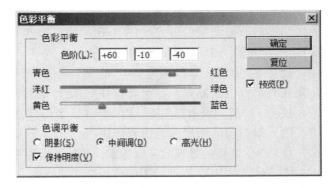

图9-65　应用"铬黄"滤镜后的图像效果　　　　　图9-66　设置"色彩平衡"对话框

7）单击"确定"按钮，效果如图9-67所示。为了实现巧克力的搅拌效果，继续执行"滤镜"→"扭曲"→"旋转扭曲"命令，设置"角度"为350，单击"确定"按钮，得到的图像效果如图9-68所示。

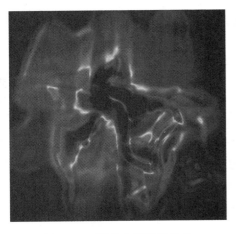

图9-67　调整色彩后的效果　　　　　图9-68　应用"旋转扭曲"滤镜后的图像效果

8）最后，使用文本工具输入"浓情巧克力"，并调整文字的字体及大小，放到合适的位置，最终效果如图9-1所示。

9.1.6　应用技巧与案例拓展

1. 滤镜的使用技巧

技巧1：再次应用上一次使用的滤镜的快捷键为〈Ctrl + F〉；用新的选项应用上一次使用的滤镜的快捷键为〈Ctrl + Alt + F〉；在上次使用的滤镜中调整滤镜效果或改变合成模式的快捷键为〈Ctrl + Shift + F〉。

技巧2：在滤镜图像预览窗口中，按住〈Alt〉键，"取消"按钮会变成"复位"按钮，可还原初始状况。想要放大在滤镜对话框中图像预览的大小，直接按住〈Ctrl〉键，并用单击预览区域即可放大；反之按住〈Alt〉键并单击预览区内域则图像会迅速变小。

技巧3：在"图层"面板上可直接对已应用的滤镜调整不透明度和混合模式等。

技巧4：对选取的范围进行羽化，能减少突兀的感觉。

技巧5：在执行"滤镜"→"渲染"→"云彩"命令应用"云彩"滤镜时，若要产生更多明显的云彩图案，可先按住〈Alt〉键后再执行该命令；若要生成低漫射云彩效果，可先按住〈Shift〉键后再执行该命令。

技巧6：在执行"滤镜"→"渲染"→"光照效果"命令运用"光照效果"滤镜时，若要在对话框内复制光源，可先按住〈Alt〉键后，再拖动光源即可完成复制。

技巧7：假如没有选定区域，则对整个图像进行处理；假如只选中某一图层或某一通道，则只对当前的图层或通道起作用。

技巧8：滤镜的处理效果以像素为单位，即用相同的参数处理不同分辨率的图像，效果会不一样。可以对RGB模式的图像应用全部的滤镜，文本则一定要转换图形后才能使用滤镜。

2. 案例拓展：制作石材纹理大理石

在此探讨一下用滤镜表现质感所常用的方法，由于很多的滤镜都是随机产生的，每次的操作不尽相同，效果也会略有差异，当某些外形或边缘使用一般工具不能获得自然纹理效果时，这时滤镜就体现出它强大的威力，产生的效果非常自然，滤镜在制作质感的时候大多需要组合使用。石材纹理大理石的制作主要通过滤镜获得纹理的形状，再加以调色产生大理石的效果，具体操作步骤如下。

案例：石材纹理
大理石制作

1）执行"文件"→"新建"命令（快捷键为〈Ctrl + N〉）新建一个文件，并命名为"石材纹理大理石.psd"，设置"宽度"为400像素，"高度"为400像素的正方形，设置背景为黑色。

2）执行"滤镜"→"渲染"→"分层云彩"命令，再次或多次执行"分层云彩"滤镜，以获得近似大理石的纹理效果，效果如图9-69所示。

3）执行"图像"→"调整"→"色阶"命令，在弹出的对话框中调整参数，如图9-70所示，从而达到增加对比度的效果，单击"确定"按钮，效果如图9-71所示。

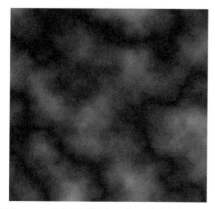

图9-69　应用"分层云彩"滤镜后的效果

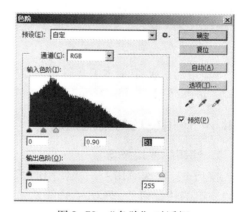

图9-70　"色阶"对话框

4）新建"图层1"图层，执行"滤镜"→"渲染"→"云彩"命令，将图层混合模式设置为"正片叠底"，调整色阶，将图像调亮，效果如图9-72所示。

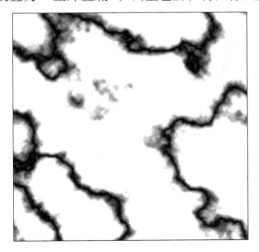

图9-71　色阶调整后的图像效果

图9-72　增加"图层1"后的效果

5）双击"背景"图层，弹出"新建图层"对话框，单击"确定"按钮，解除图层锁定，在"图层"面板的最下方新建"图层2"图层，填充大理石颜色，如图9-73所示。

图9-73　增加"图层2"后的"图层"面板

6）将"图层0"的混合模式设置为"滤色"，使裂纹渗透到下面的图层，如图9-74所示。

图9-74　设置"图层0"的混合模式为"滤色"后的效果

7）在最上方增加"色相饱和度"调整图层，只对下面图层起作用，调整大理石上的浅绿色部分，如图9-75所示，单击"确定"按钮，效果如图9-76所示。

图9-75　增加调整图层后的效果

图9-76　石材纹理大理石效果

9.2　小结

本章主要介绍了Photoshop中滤镜的相关知识，通过本章的学习，读者能了解滤镜的使用方法、滤镜的作用范围，以及各组滤镜产生的效果等。在这个基础上通过一些实例可全面了解各种滤镜的使用方法。只有通过不断摸索与实践，才能熟练掌握滤镜的使用。

9.3　项目作业

1. 运用Photoshop滤镜工具制作逼真的木纹效果，如图9-77所示。

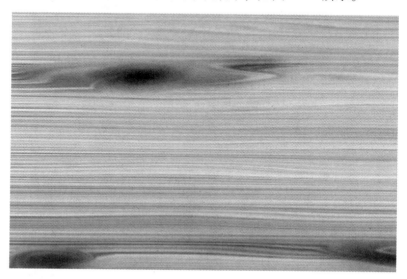

图9-77　木纹效果

2. 运用Photoshop中的"染色玻璃""浮雕效果"和"球面化"等滤镜打造逼真的篮球，如图9-78所示。

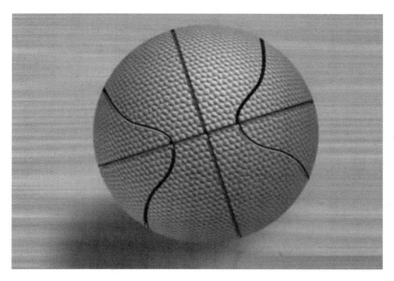

图 9-78　用 Photoshop 打造的篮球效果

第 10 章　动作与自动化

10.1　案例：檀木香扇的制作

　　用户在使用 Photoshop 处理图像的过程中，有时需要对许多图像进行相同的效果处理。若是逐一进行重复操作，将会浪费大量时间。为了提高设计效率，用户可以通过 Photoshop 提供的自动化功能，将编辑图像的许多步骤简化为一个动作。

　　动作为用户提供了一条大幅度提高工作效率的捷径，通过应用动作，能够让 Photoshop 按预定的顺序执行已经设计的数个甚至数十个操作步骤，从而提高工作效率。通过制作动画，可以增添图像的动感和趣味。本节通过利用动作功能制作檀木香扇，从而达到提高效率和减轻劳动强度的目的，效果如图 10-1 所示。

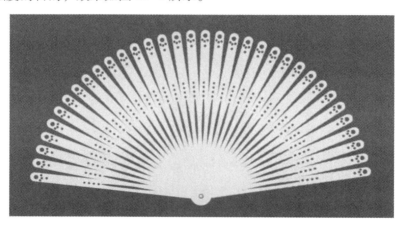

图 10-1　艺术檀木香扇的效果

10.1.1　动作的基本功能

　　"动作"实际上是一组命令，其基本功能具体体现在以下两个方面。

　　一方面，将常用的两个或多个命令及其他操作组合为一个动作，在执行相同操作时，直接执行该动作即可。

　　另一方面，对于 Photoshop CC 中最精彩的滤镜功能，若对其使用动作功能，可以将多个滤镜操作录制成一个单独的动作。执行该动作，就像执行一个"滤镜"命令一样，可对图像快速进行多种滤镜的处理。

10.1.2　"动作"面板

　　"动作"面板是创建、编辑和执行动作的主要场所，执行"窗口"→"动作"命令

（快捷键为〈Alt + F9〉），即可打开"动作"面板。

"动作"面板以标准模式和按钮模式存在，如图10-2所示。

 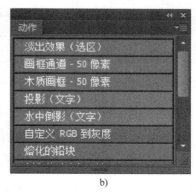

a)   b)

图10-2　"动作"面板
a）标准模式　b）按钮模式

要切换标准模式与按钮模式，可以单击"动作"面板右上角的小三角按钮，在打开的面板菜单中选择"标准模式"或"按钮模式"命令即可。

"动作"面板中的主要选项含义如下。

"切换对话开/关"图标：当面板中出现这个图标时，表示该动作执行到该步时会暂停。

"切换项目开/关"图标：可以设置允许或禁止执行动作组中的动作、选定动作或动作中的命令。

"展开/折叠"图标：单击该图标可以展开或折叠动作组，以便存放新的动作。

"创建新动作"按钮：单击该按钮，可以创建一个新动作。

"删除"按钮：单击该按钮，在弹出的提示信息框中单击"确定"按钮，即可删除当前选择的动作。

"创建新组"按钮：单击该按钮，可以创建一个新的动作组。

"开始记录"按钮：单击该按钮，可以开始录制动作。

"播放选定的动作"按钮：单击该按钮，可以播放当前选择的动作。

"停止播放/记录"按钮：该按钮只有在记录动作或播放动作时才可以使用，单击该按钮，可以停止当前的记录或播放操作。

10.1.3　创建与录制动作

动作是Photoshop中用于提升工作效率的专家，运用动作可以将需要重复执行的操作录制下来，然后借助于其他自动化命令对其进行相应的编辑。在使用动作之前，需要先对动作进行创建和录制。创建与录制动作的具体操作步骤如下。

创建与录制动作

1）执行"窗口"→"动作"命令，打开"动作"面板，单击底部的"创建新组"按钮，如图10-3所示。

2）弹出"新建组"对话框，在"名称"文本框中输入"自定义动作"，如图10-4所示。

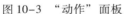
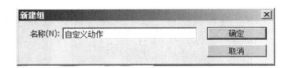

图 10-3 "动作"面板　　　　　　　　图 10-4 "新建组"对话框

3）单击"确定"按钮，即可创建一个名为"自定义动作"的新组，如图 10-5 所示。

4）执行"文件"→"打开"命令，打开素材文件夹中的"海南风光.jpg"素材，如图 10-6 所示。

图 10-5 "动作"面板　　　　　　　图 10-6 "海南风光.jpg"素材图像

5）展开"动作"面板，选择"自定义动作"动作组，单击面板底部的"创建新的动作"按钮，弹出"新建动作"对话框，设置"名称"为"图像色彩调整"，单击"记录"按钮，即可开始录制动作，如图 10-7 所示。

6）执行"图像"→"调整"→"亮度/对比度"命令，弹出"亮度/对比度"对话框，设置各选项，如图 10-8 所示。

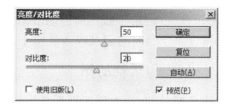

图 10-7 "新建动作"对话框　　　　图 10-8 "亮度/对比度"对话框

7）执行"图像"→"调整"→"色相/饱和度"命令，弹出"色相/饱和度"对话框，将"色相"设置为 10，将"饱和度"设置为 20，将"明度"设置为 10，确定执行该操作。

8）单击"动作"面板底部的"停止播放/记录"按钮■，完成新动作的录制。

10.1.4　播放动作

播放动作

用户可以播放"动作"面板中自带的动作，用于快速处理图像，具体操作步骤如下。

1）执行"文件"→"打开"命令，打开素材文件夹中的"稻田.jpg"素材，如图10-9所示。

2）单击"动作"面板右上角的小三角按钮，在打开的面板菜单中选择"图像效果"命令，如图10-10所示。

图10-9　"稻田.jpg"素材图像

图10-10　选择"细雨"选项

3）选择"图像效果"中的"细雨"动作，单击"动作"面板底部的"播放选定的动作"按钮，即可播放动作，效果如图10-11所示。

图10-11　播放"细雨"动作后的效果

10.1.5　复制和删除动作

复制和删除动作

进行动作操作时，对于相同的动作，可以将其复制，以节省时间，提高工作效率。在编辑动作时，用户也可以删除不需要的动作。具体操作步骤如下。

1）在"动作"面板中选择"淡出效果（选区）"动作，如图10-12所示。

2）单击"动作"面板右上角的小三角按钮，在打开的面板菜单中选择"复制"命令，即可复制动作，如图10-13所示。

3）在"动作"面板中选择"淡出效果（选区）拷贝"动作，如图10-13所示。

4）单击"动作"面板右上角的小三角按钮，在打开的面板菜单中选择"删除"命令，弹出信息提示框，单击"确定"按钮，即可删除动作。

图 10-12　选择"淡出效果（选区）"动作　　　图 10-13　复制动作

10.1.6　保存和加载动作

用户录制完动作后，可以将其保存到系统中，也可以载入或替换为其他动作。保存和加载动作的具体操作步骤如下。

1）在"动作"面板中选择需要保存的动作组，如图 10-14 所示。

2）单击面板右上角的小三角按钮，在打开的面板菜单中选择"存储动作"命令，如图 10-15 所示。

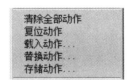

图 10-14　选择动作组　　　图 10-15　选择"存储动作"命令

3）弹出"存储"对话框，设置动作的保存路径和保存的文件名（如"图像色彩调整"），单击"保存"按钮，即可存储选择的动作组。

4）单击"动作"面板右上角的小三角按钮，在打开的面板菜单中选择"载入动作"命令，弹出"载入"对话框，选择需要加载的动作名称（如"图像色彩调整"），单击"载入"按钮，即可载入动作。

注意：载入动作必须将在网上下载的或者磁盘中所含有的动作文件添加到当前动作列表之后才能完成。

10.1.7　图像的自动化处理

自动化功能是 Photoshop 为用户提供的快速完成工作任务、大幅度提高工作效率的功能。自动化功能包括批处理、创建快捷批处理、更改条件模式和限制图像等。

1. 批处理图像

批处理就是指将某个指定的动作应用于某文件夹下的所有图像或当前打开的多幅图像，从而大大节省了操作时间。批处理图像的具体操作步骤如下。

1）执行"文件"→"自动"→"批处理"命令，弹出"批处理"对话框，在"播放"选项组中设置"组"为"图像效果"，"动作"为"暴风雪"，源文件夹为"批处理图像"文件夹，目标文件为"批处理图像输出"文件夹，

如图 10-16 所示。

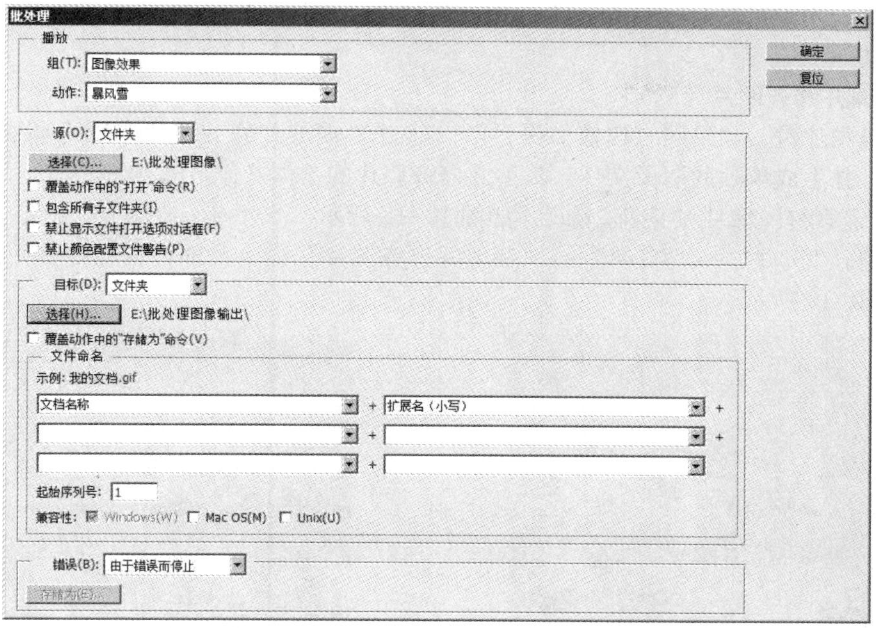

图 10-16　"批处理"对话框

2）单击"确定"按钮，即可批处理相同文件夹内的图像，效果如图 10-17 所示。

a)　　　　　　　　　　　　　　　b)

c)　　　　　　　　　　　　　　　d)

图 10-17　以"暴风雪"动作批处理文件夹后的效果

a）漓江山水　b）沙漠 c）草原　d）沙滩

"批处理"命令是以一组动作为根据,对指定的图层进行处理的智能化命令。使用"批处理"命令,用户可以对多幅图像执行相同的动作,在执行自动化之前,应先确定要处理的图像文件。

2. 裁剪并修齐照片

在扫描图片时,如果同时扫描多张,可以通过"裁剪并修齐照片"命令将扫描的图片分割出来,并生成单独的图像文件。裁剪并修齐照片的具体操作步骤如下。

1)打开素材图像"油菜花.jpg",如图 10-18 所示。

2)执行"文件"→"自动"→"裁剪并修齐照片"命令,即可自动裁剪并修齐图像,效果如图 10-19 所示。

图 10-18 "油菜花.jpg"素材图像

图 10-19 裁剪并修齐后的照片

使用"裁剪并修齐照片"命令还可以将一次扫描的多幅图像分成多个单独的图像文件,但应该注意,扫描的多幅图像之间应该保持 1/8 英寸的间距,并且背景应该是均匀的单色。

10.1.8 案例实现过程

檀木香扇的制作主要分为 3 个步骤:扇叶的制作、动作的录制和动作的应用,具体操作步骤如下。

案例:檀木香扇的制作

1. 扇叶的制作

1)启动 Photoshop,新建一个"宽度"为 800 像素,"高度"为 430 像素,"分辨率"为 72 像素/英寸的文档,并命名为"檀木香扇",创建完成后,填充背景为绿色(298903)。

2)使用"圆角矩形工具" ,设置绘制方式为"填充像素",圆角半径为 15,前景色为浅橙色(faecb9),绘制一个约宽 380 像素、高 20 像素的圆角矩形,如图 10-20 所示。

图 10-20 扇叶的基本形状绘制

3)使用"椭圆选框工具"在该图上打上一些小孔(先绘制椭圆选区再按〈Delete〉键),并在用于制作扇子轴心的地方绘制一个绿色圆形标记,完成一片扇叶雏形的制作,如图 10-21所示。

图 10-21　在扇叶形状上打孔

4）移动扇叶至文档的左下角，以备后续操作。

2. 动作的录制

1）打开"动作"面板，单击"创建新动作"按钮，在弹出的对话框中设置动作名称为"檀木香扇"，功能键为〈F2〉，按〈Enter〉键准备录制。

2）回到"图层"面板，拖动"图层 1"到"新建图层"按钮上，完成对"图层 1"的复制操作。

3）按〈Ctrl + T〉组合键，执行自由变换操作，将其变形中心移动到变形工具右边的中心控制点，并按〈Ctrl + Shift + Alt〉组合键（锁定中心等比例扭曲缩放），拖动工具右上角的调节点至如图 10-22 所示的位置。把变形工具的中心移动到扇叶的轴心，再在顶部参数栏的角度"旋转"文本框中输入 5。如果调整出的扇叶与第一个扇叶的间隔太大或太小，适当调整一下这个角度值，但最好能被 180 整除，以便做出对称的扇形。

图 10-22　扇叶的基本形状绘制

4）回到"动作"面板，单击"停止播放/记录"按钮，完成此次录制。此时动作记录中有两条新增步骤。

3. 动作的应用

1）回到"动作"面板，单击"播放选定的动作"按钮，Photoshop 将自动对最顶上的图层进行复制并相对于被复制的图形有 5°的旋转。

2）反复单击"播放选定的动作"按钮，但不要太快，继续复制出其他扇叶。直到制作出一把半圆形扇子为止。为了美观，在最顶层新建一个图层，制作一个扇子轴心，最终效果如图 10-1 所示。

10.1.9　应用技巧与案例拓展

技巧 1：要仅播放一个动作中的一个步骤，可以选择该步骤并按住〈Ctrl〉单击"播放选定的动作"按住。要改变一个特定命令步骤的参数，只需要双击这个步骤，弹出相关的对话框：任何输入的新的值都会自动被记录下来。

技巧 2：要想从某个指定的步骤返回播放，只需要选中需要开始播放的步骤，接着单击"动作"面板下方的"播放选定的动作"按钮即可。

技巧 3：如果正在记录的下一个动作可能会被用于不同的画布大小，那么需要将标尺单位转变为百分比。这样就可以确保所有的命令和画笔描边能够按相关的画布大小记录（而不是基于特定的像素坐标）。

技巧 4：按住〈Alt〉键并拖动"动作"面板中的动作步骤即可复制它。

技巧 5：若要在一个动作中的一条命令后新增一条命令，可以先选中该命令，然后单击"动作"面板上的"开始记录"按钮，选择要增加的命令，再单击"停止记录"按钮即可。

技巧 6：先按住〈Ctrl〉键后，在"动作"面板上所要执行的动作的名称上双击，即可执行整个动作。

技巧 7：若要一起执行多个动作，可以先增加一个动作，然后录制每一个所要执行的动作。

技巧 8：若要在一个动作中的某一命令后新增一条命令，可以先选中该命令，然后单击"动作"面板上的"开始录制"按钮，选择要增加的命令，再单击"停止录制"按钮即可。

10.2　小结

本章介绍了如何在 Photoshop 中进行图像处理自动化操作，讲解了动作基础知识、动作的录制与编辑，以及图像自动化处理等内容。

10.3　项目作业

1. 录制一个动作，将"批处理图像"文件夹中的"漓江山水 . jpg"文件转换为 BMP 格式的图像，并将图像的"宽度"修改为 600 像素，然后使用批处理功能将"批处理图像"文件夹中的所有图像进行格式与大小的转换。

2. 利用所学知识制作如图 10-23 所示的背景。

图 10-23　点状背景图

第 11 章　综合项目实训

11.1　项目 1：网页效果图的设计与制作

11.1.1　项目展示与目标

　　本节将制作一个英语等级考试专题学习网站，其效果如图 11-1 所示。读者学习本项目能够掌握使用 Photoshop 设计与制作网站效果图的方法，掌握 Photoshop 的切片与网页输出功能。

图 11-1　英语等级考试专题学习网站效果展示

11.1.2　项目需求

　　英语等级考试专题学习网站旨在教学的改革创新与服务教学，利用网络平台构建开放式学习方式，即所有教学资源均可在网上浏览和下载，任何学生在任何时间、任何地点都能借助网络自主学习。英语等级考试专题学习网站的具体栏目包括公告通知，考试介绍与动态，听力训练，考试指南，模拟试题，经验交流，完型、改错、翻译、简答，阅读训练，写作训练，此外设计时还应该包含成绩查询、考试咨询、考试论坛和试题库等模块。

11.1.3 项目计划

英语等级考试专题学习网站是高校教育类网站，它的主要用户是青年学生，同时也属于信息行业类的网站，所以可以采用蓝色作为主色调，因为蓝色给人清凉、自由的感觉，使人们容易联想到天空、海洋和科技等，通过本网站能传达给用户轻松、愉快、舒适的感觉。

对于一般的网页效果图设计来说，一个项目往往从一个简单的界面开始，但要把所有的东西都组织到一起并不是一件容易的事情。首先，要先画一个站点的草图，勾画出所有客户想要看到的东西。然后，将其详细地描述绘制成详图，本案例的草图如图 11-2 所示。

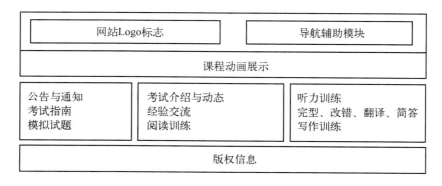

图 11-2　英语等级考试专题学习网站的草图

11.1.4 项目实施

1. 效果图的设计与制作

网站效果图制作的原则为：先背景，后前景，先上后下，先左后右。

本效果图设计中用到的主要知识如下。

- 图像的选取。
- 辅助线的应用。
- 图层样式的应用。
- 图层混合模式的应用。
- 蒙版的应用。

本例的具体制作步骤如下。

导航模块制作

1）启动 Photoshop 软件，新建文件并命名为"英语等级考试专题学习网"，设置"宽度"为 1000 像素，"高度"为 1000 像素，背景为蓝色（00aae2），执行"视图"→"新建参考线"命令，添加 4 条垂直辅助线（依次为 30 像素、250 像素、610 像素、970 像素），添加 2 条水平辅助线（依次为 20 像素、980 像素），然后使用"矩形选框工具"选中中间的矩形区域，将其填充为白色，如图 11-3 所示。

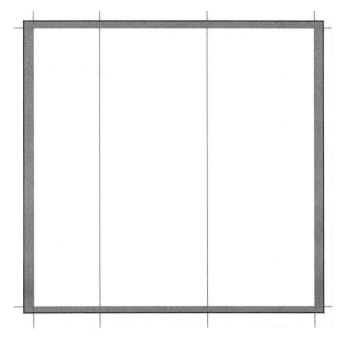

图 11-3　英语等级考试专题学习网辅助线分布

2）打开"图标.jpg"文件，分别将 3 个图标拖放到文件的右上角，在每个图标的后面分别输入"学院主页""教务频道"和"联系我们"字样，并调整其位置，如图 11-4 所示。

图 11-4　放入图标后的效果

3）打开"院标.psd"文件，将院标拖放到文档中，调整其大小，然后添加"全国大学英语四、六级等级考试专题网"和"江苏省大学生英语应用能力 A、B 级考试专题网"两行网站名称，设置文字大小为 24 像素，字体为"方正大黑简体"（注意字体安装的方法：复制素材文件夹中的字体到 C:\WINDOWS\Fonts 目录即可），如图 11-5 所示。

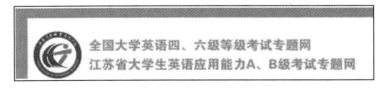

图 11-5　添加院标与文字的效果

4）选择刚输入的文字图层，单击"图层"面板下方的"添加图层样式"按钮 fx，文字增加效果，依次添加"投影"效果、"斜面和浮雕"效果、"渐变叠加"效果和"描边"效果，各效果的参数设置如图 11-6 所示，最终效果如图 11-7 所示。

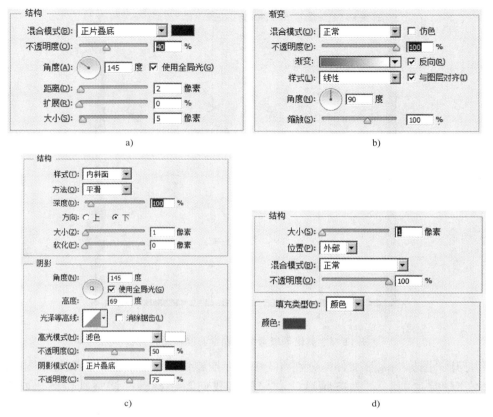

a)

b)

c)

d)

图 11-6　添加文字图层效果

a)"投影"效果设置　b)"渐变叠加"效果设置　c)"斜面和浮雕"效果设置　d)"描边"效果设置

全国大学英语四、六级等级考试专题网
江苏省大学生英语应用能力A、B级考试专题网

图 11-7　添加文字图层效果后的文字

5）在"全国大学英语四、六级等级考试专题网"和"江苏省大学生英语应用能力 A、B 级考试专题网"的右方，添加文字"首页 精选汇总 高分突破 考试咨询 试题库"与"考试动态 在线听力 成绩查询 考试指南 考试论坛"两行导航文字，注意将文本的字体大小设置为 12 像素，设置字体消除锯齿的方式为"无"，此时字体最清晰，效果如图 11-8 所示。

6）创建一个新图层，使用"矩形选框工具"绘制矩形选区，并填充颜色为蓝色（54c2e4），然后打开素材"笑美人.jpg"图片，将其拖入到文档中，调整其大小，在"图层"面板的下方单击"添加蒙版图层"按钮 ，对"笑美人图层"添加蒙版并适当进行调整，效果如图 11-9 所示。

7）打开素材"教学楼.jpg"，使用"多边形套索工具"将教学楼抠出，如图 11-10 所示。

动画展示模块
制作

206

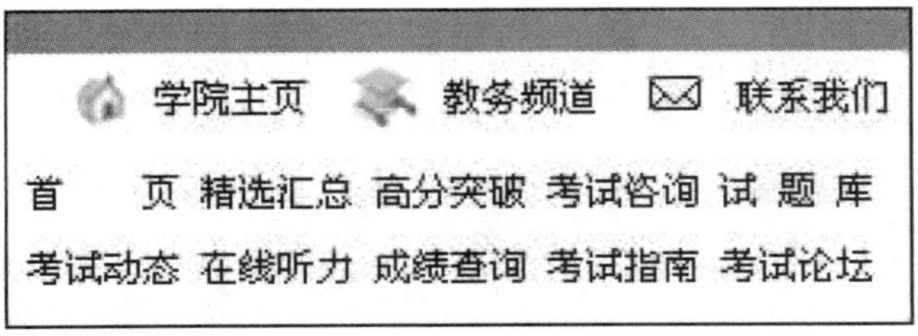

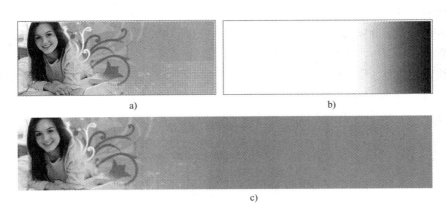

图 11-8　添加导航文字

a)

b)

c)

图 11-9　添加笑美人

a）"笑美人"图片　b）"笑美人"图层的蒙版　c）添加图层蒙版后的效果

图 11-10　抠出教学楼图片

8）复制教学楼到文档中，将该图层命名为"教学楼"，使用快捷键〈Ctl + T〉调整图层的大小，单击"添加蒙版图层"按钮，对教学楼图层添加蒙版，适当调整后的效果如图 11-11 所示。

图 11-11　添加"教学楼"图片后的效果

9）使用文字工具添加"改革创新 服务教学"文字，设置"颜色"为白色（ffffff），"字体大小"为30 像素，"字体"为"方正大黑简体"，效果如图 11-12 所示。

图 11-12　添加"改革创新 服务教学"文字

10）新建一个图层，并命名为"虚线布局"，添加水平辅助线 7 条，分别为（296 像素，334 像素，494 像素，532 像素，692 像素，730 像素，890 像素），按住〈Shift〉键，使用"单行选框工具" 沿着刚建立的辅助线建立选区，再使用"单列选框工具"沿着 2 条垂直的参考线建立选区，设置前景色为浅灰色（d7d7d7），按快捷键〈Alt + Delete〉，填充前景色，最后将多余的线删除，如图 11-13 所示。

公告通知模块
制作

图 11-13　添加参考线并绘制布局线条

11）新建一个图层，并命名为 left1，使用"矩形选框工具"，设置样式为"固定大小"，"宽度"为 218 像素，"高度"为 5 像素，绘制矩形选区，将颜色填充为淡蓝色（74c0dd），采用同样的方法绘制"宽度"和"高度"均为 30 像素的矩形选区，将颜色填充为浅灰色（e1e1e1），使用"横排文字工具"添加文字"公告通知"，设置"大小"为 14 像素，"字体"为"宋体"，效果如图 11-14 所示。

12）同样，绘制一个"宽度"为 358 像素，"高度"为 34 像素的矩形，设置前景色为浅蓝色（b7e7f7），选择"渐变工具"，使用线性渐变填充矩形选框，效果如图 11-15 所示。

考试动态模块
制作

图 11-14　"公告通知"模块的制作　　　图 11-15　填充背景渐变色

13）使用"自定义形状工具"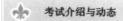，在其选项栏的![图标]选项中单击[按钮，在形状选择面板（见图 11-16）中选择[形状，设置前景色为浅蓝色（00aae2），绘制形状。在"图层"面板中单击"添加图层样式"按钮[，在打开的下拉列表框中选择"描边"选项，为该形状描边，设置颜色为白色，参数设置如图 11-17 所示。添加文字"考试介绍与动态"，打开素材 more. gif，将其复制到文档中，调整图像与文字的位置，如图 11-18 所示。

图 11-16　选择形状图

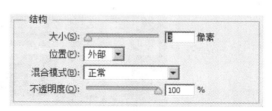

图 11-17　给形状描边

其他模块制作

图 11-18　制作"考试介绍与动态"模块

14）采用与步骤 12 相同的方法制作"考试指南"与"模拟试题"模块，采用与步骤 13 相同的方法制作"听力训练""经验交流""完型、改错、翻译、简答" "阅读训练"和"写作训练"等模块，如图 11-19 所示。

公告通知		考试介绍与动态	更多>>		听力训练	更多>>
考试指南		经验交流	更多>>		完型、改错、翻译、简答	更多>>
模拟试题		阅读训练	更多>>		写作训练	更多>>

图 11-19　制作其他模块

15）使用"矩形选框工具"绘制"宽度"为 939 像素，"高度"为 87 像素的选区，然后设置前景色为浅蓝色（00aae2），选择"渐变工具"![图标]，使用![图标]的线性渐变自下而上填充矩形框，然后添加文字版权信息"版权所有 淮安信息职业技术学院外语系""邮政编码：223003 电话：0517 - 88888888 E - mail：12345678@ qq. com"和"地址：淮安市枚乘东路 3 号　技术支持：网络中心"3 行文字，打开素材"背景. jpg"图片，将其复制到文档中，并将该图层命名为"版权背景"，通过使用自由变换功能（快捷键为〈Ctrl + T〉）调整图像大小，使其与背景融合。最后设置其图层的"混合模式"为"亮光"。版权信息栏的效果如图 11-20 所示。

版权信息模块制作

版权所有 淮安信息职业技术学院外语系
邮政编码：223003 电话：0517-88888888 E-mail：12345678@qq.com
地址：淮安市枚乘东路3号　技术支持：网络中心

图 11-20　版权信息模块制作

16）最后给各个栏目添加测试数据，打开素材"小图标. jpg"图片，将其放入"公告通知"栏目，然后在其后使用文字工具输入"英语四、六级报名火热… 2016 - 4 - 8"，将"英语四、六

209

级报名火热…"设置为：宋体、黑色、12 像素，将"2016 - 4 - 8"设置为：宋体、浅灰色、12 像素，最后添加"更多内容"文字，并将其设置为"宋体""黑色"、12 像素，与"2016 - 4 - 8"文字右对齐。用同样的方式添加其他的测试信息，最终保存网页，效果图如图 11-1 所示。

2. 效果图切片导出网页

网页效果图完成后，使用"切片工具"  对效果图进行切片，切片后的效果如图 11-21 所示。

图 11-21　对网页进行切片后的效果

切片创建完成后即可进行最后的网页导出，具体操作步骤如下。

1）执行"文件"→"导出"→"存储为 Web 所用格式"命令，弹出如图 11-22 所示的对话框。

图 11-22　"存储为 Web 所用格式"对话框

2）单击"存储"按钮，然后在弹出的"将优化结果另存为"对话框中，设置保存类型为"HTML 和图像（＊.html）"，将 slice 设置为"所有切片"，将文件名命名为 index 即可，单击"保存"按钮，然后使用 IE 浏览器打开 index.html 文件进行测试，效果如图 11-23 所示。

210

图 11-23　网页测试效果

11.2　项目2：封皮封面的设计与制作

11.2.1　项目展示与目标

本节将制作"运河人家食府菜谱"封面，效果图如图 11-24 所示。读者可通过本项目掌握使用 Photoshop 设计各类书籍封皮的方法。

图 11-24　菜谱封面展开效果

11.2.2　项目需求

回溯中国烹饪的历史长河，在众多的千古菜系中，除了鲁、川、粤外，就是唯一破例以省以下城市及区域称谓的淮扬菜系，称为"八大菜系"之首。运河人家食府是一家以古运河文化为依托的特色饭店，以"淮扬菜"为特色。因此，菜单的设计要古香古色，充满"淮扬菜"的文化气息。

11.2.3 项目计划

运河人家食府是一家特色酒店，它的主要顾客群体为工薪阶层，同时也为外地游客品尝正宗的"淮扬菜"提供了场所。本菜谱以仿古褐色作为主色调，使用酒店自身的外景仿古建筑作为背景。版面的构图大方、思维清晰，色彩搭配流畅。

11.2.4 项目实施

1. 制作食府菜谱的展开面

菜谱封面展开页制作

1）新建一个"宽度"为638像素，"高度"为450像素，"分辨率"为150像素/英寸，"颜色模式"为CMYK颜色，"背景内容"为白色的文档。然后将画布填充为土黄色（ba9a6c），如图11-25所示。

技巧：使用任何绘画工具（选择路径工具除外）的同时按住〈Alt〉键，都可从图像中吸取前景颜色。

2）打开素材图片"底纹.psd"文件，使用"移动工具" 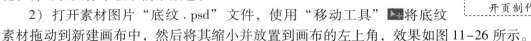将底纹素材拖动到新建画布中，然后将其缩小并放置到画布的左上角，效果如图11-26所示。

图11-25 画布填充效果

图11-26 添加图像

3）按〈Alt + Ctrl + T〉组合键，执行"复制"和"变换"命令，然后水平向右拖动将其复制一份，按〈Enter〉键确认，效果如图11-27所示。

4）在按住〈Alt + Shift + Ctrl〉组合键的同时，多次按〈T〉键重复复制并移动操作，其效果如图11-28所示。

图11-27 复制并移动效果

图11-28 重复复制并移动

5）将除"背景"以外的图层全部选中并合并图层。按〈Alt + Ctrl + T〉组合键，将其垂直移动并复制，按〈Enter〉键确认，效果如图 11-29 所示。

技巧：按〈Ctrl + Shift + E〉组合键，可以快速合并所有可见图层。

6）在按住〈Alt + Shift + Ctrl〉组合键的同时，多次按〈T〉键重复复制并移动操作，形成如图 11-30 所示的效果。

图 11-29　向下复制效果

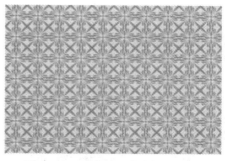
图 11-30　重复向下复制后的效果

7）将除"背景"以外的图层全部选中并进行合并，然后将其重命名为"底纹"，并将其"不透明度"设置为 15%，效果如图 11-31 所示。

8）执行"文件"→"打开"命令，弹出"打开"对话框，选择素材中的"屏风.psd"和"梅花.psd"文件，单击"打开"按钮。使用"移动工具"将屏风素材及梅花素材拖动到新建画布中，然后将其缩小并放置到画布的右下角，并将屏风所在的图层命名为"屏风"，效果如图 11-32 所示。

图 11-31　调整"不透明度"后的效果

图 11-32　添加屏风后的效果

9）为了将"屏风"图层更好地融合到背景中，设置"屏风"图层的混合模式为"正片叠底"，如图 11-33 所示。

图 11-33　应用"正片叠底"混合模式后的效果

10）单击工具箱中的"钢笔工具"按钮 ，在画布中绘制一条封闭路径，如图 11-34 所示。

提示：在绘制路径时，外侧的路径不用完全沿画布边缘绘制，可以大于画布，这样不仅更加容易绘图，填充时也不会出现留白。

11）创建一个新图层，并命名为"边框"。按〈Ctrl + Enter〉组合键，将路径转换为选区，然后将其填充为咖啡色（522913），填充后的图像效果如图 11-35 所示。

图 11-34　绘制的路径形状　　　　　　　图 11-35　将路径转换为选区并填充

12）单击"图层"面板底部的"添加图层样式"按钮 ，在打开的下拉列表框中选择"描边"选项，弹出"图层样式"对话框，设置"大小"为 2 像素，"颜色"为黄色（faf3a4），如图 11-36 所示。单击"确定"按钮，效果如图 11-37 所示。

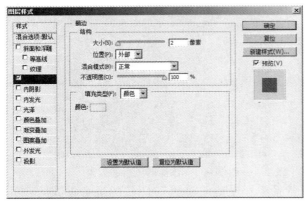

图 11-36　"描边"参数设置　　　　　　图 11-37　添加"描边"图层样式后的效果图

13）创建一个新图层，并命名为"装饰 1"，将前景色设置为咖啡色（522913）。单击工具箱中的"自定形状工具"按钮 ，单击选项栏中的"点按可打开'自定形状'拾色器"按钮 ，然后在"'自定形状'拾色器" 中选择"自然"→"花 2"形状，如图 11-38 所示。

提示：这里的"自然"→"花 2"形状指的是首先在拾色器菜单中选择"自然"命令，载入装饰形状，然后在拾色器中选择"花 2"形状。

14）在选项栏中选择"填充"模式，将鼠标指针移至画布中，在"修饰 1"图层上单击并拖动鼠标，绘制一个装饰花纹图形，如图 11-39 所示。

图 11-38 选择的形状

图 11-39 装饰花纹形状

15）新建一个图层，并命名为"装饰 2"，继续使用"自定形状工具"，设定形状为"装饰"→"装饰 5"，在本图层的左上角绘制一形状，利用"移动工具"调整其角度和大小，效果如图 11-40 所示。

16）选择"画笔工具"，在其选项栏中单击"点按可打开'画笔预设'选取器"按钮，打开"画笔预设"面板，单击右上角的小三角，在打开的面板菜单中选择"载入画笔"命令，打开素材中的 stock01. abr 文件，将画笔形状追加到管理器中。接下来选择一种画笔，如图 11-41 所示。

图 11-40 绘制的新形状

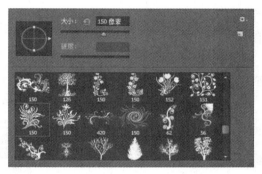

图 11-41 选择的画笔形状

17）新建一个图层，并命名为"装饰 3"，将前景色设置为土黄色（e3b145），使用"画笔工具"在该图层的右下角绘制一个装饰效果，如图 11-42 所示。

18）创建一个新图层，将前景色设置为咖啡色（522913）。单击工具箱中的"自定形状工具"按钮，单击选项栏中的"单击可打开'自定形状'拾色器"按钮，然后在"'自定形状'拾色器"中选择"形状"→"方块形卡"形状，如图 11-43 所示。然后将鼠标指针移至画布中，单击并拖动鼠标绘制一个方块形图形，效果如图 11-44 所示。

图 11-42 新装饰图

图 11-43 "方块形卡"形状

19）将刚绘制的方块复制多份，然后将其分别垂直向下移动到合适的位置。如果方块的位置和屏风图像有重叠，可适当移动图像，效果如图11-45所示。最后将所有方块图层选中并合并，将其重命名为"方块"。

图11-44　绘制的方形

图11-45　复制并移动后的效果

20）单击工具箱中的"直排文字工具"按钮 T，在画布中输入汉字，设置"字体"为"黑体"，"大小"为23点，"颜色"为黑色。然后将其放置到合适的位置，如图11-46所示。

21）单击"菜谱"文字"图层"面板底部的"添加图层样式"按钮 fx，在打开的下拉列表框中选择"描边"选项，弹出"图层样式"对话框，设置"大小"为3像素，"颜色"为黄色（e4cd90），如图11-47所示。图像效果如图11-48所示。

图11-46　添加"菜谱"二字

图11-47　设置"描边"选项

22）单击工具箱中的"直排文字工具"按钮，在画布中输入文字"运河人家食府"，设置"字体"为黑体，"大小"为6点，并设置字符"间距"为770，"颜色"为浅黄色（fd-ffd8），效果如图11-49所示。

技巧：按〈Shift + ←/→ + ↑/↓〉组合键，或〈Ctrl + Shift + ←/→〉组合键，可以向左/向右选择一个字符或向上/向下选择一行，或向左/向右选择一个字。

图 11-48　添加"描边"图层样式后的效果　　　　图 11-49　输入文字后的效果

23）执行"文件"→"打开"命令，弹出"打开"对话框，选择素材的"筷子.psd"文件，单击"打开"按钮。使用"移动工具"将筷子素材拖动到新建画布中，将其所在图层命名为"筷子"，然后将其缩小并放置到合适的位置，效果如图 11-50 所示。

24）单击"筷子""图层"面板底部的"添加图层样式"按钮 ，在打开的下拉列表框中选择"投影"选项，弹出"图层样式"对话框，设置"距离"为 18 像素，"扩展"为0，"大小"为 21 像素，其他参数保持默认，如图 11-51 所示。单击"确定"按钮，为图像添加"投影"图层样式后的效果如图 11-24 所示。这样就完成了菜谱展开面的最终效果。

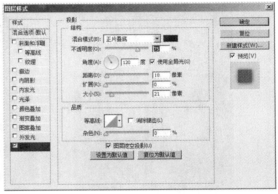

图 11-50　导入"筷子"素材　　　　　　图 11-51　设置"投影"选项

2. 制作菜谱的立体效果

1）新建一个"宽度"为 480 像素，"高度"为 580 像素，"分辨率"为 150 像素/英寸，"颜色模式"为 RGB 颜色，背景为白色的画布，然后将画布填充为黑色。

2）执行"文件"→"打开"命令，弹出"打开"对话框，打开前面制作的"运河人家食府菜谱封面设计.psd"文件，单击"打开"按钮，单击工具箱中的"矩形选框工具"按钮 ，将菜谱的封面部分选中，如图 11-52 所示。

3）按〈Shift + Ctrl + C〉组合键，将选中的图像进行合并复制。切换到新建画布中，按

菜谱立体
效果制作

〈Ctrl + V〉组合键, 将其进行粘贴并调整大小, 效果如图 11-53 所示, 将其所在的图层命名为"封面"。

图 11-52　选择部分区域

图 11-53　复制粘贴后的封面

4) 按〈Ctrl + T〉组合键, 执行"自由变换"命令, 右击该封面, 并在弹出的快捷菜单中选择"扭曲"命令。将鼠标指针移至右边中间的控制点上, 按住〈Shift〉键的同时向上拖动鼠标, 将图像进行扭曲变形。按〈Enter〉键完成变形操作, 效果如图 11-54 所示。

5) 切换到菜谱封面画布中, 选择"矩形选框工具"■, 将画布中的矩形选区水平向左移动, 然后将封底和书脊左半部分图像选中, 如图 11-55 所示。

图 11-54　扭曲后的效果

图 11-55　选择平面图中的封底

6) 参照前面的操作方法, 将选中的图像合并复制到新建画布中, 并对其进行扭曲变形, 效果如图 11-56 所示, 然后将其所在的图层命名为"封底"。

7) 创建一个新图层, 命名为"书脊"。设置前景色为咖啡色 (522913), 单击工具箱中的"直线工具"按钮 ╱, 单击选项栏中的"填充像素"按钮, 设置"粗细"为 2 像素。然后在封面和封底的中心绘制一条直线, 效果如图 11-57 所示。

8) 利用"钢笔工具" ╱ 在封面的上方绘制一条封闭路径, 将封闭路径复制一份并进行水平翻转。然后将复制出的路径水平向左移动并放置到合适的位置, 如图 11-58 所示。

9) 创建一个新图层。按〈Ctrl + Enter〉组合键, 将路径转换为选区, 并填充为白色。按〈Ctrl + D〉组合键, 取消选区, 效果如图 11-59 所示。

图 11-56　扭曲后的效果　　　　　　　图 11-57　绘制书脊效果

图 11-58　绘制的路径效果　　　　　　图 11-59　选区填充效果

10）在"图层"面板中将"封面""封底"和"书脊"图层都选中，再将这些图层拖动到面板下方的"新创建图层"按钮 ，将其进行复制。然后将复制出的图像垂直向下移动到合适的位置，并进行垂直翻转，效果如图 11-60 所示。

11）分别将复制出的封面和封底进行扭曲变形，变形后的图像效果如图 11-61 所示。然后将封面、封底和书脊的副本图层进行合并。

图 11-60　复制图像的效果　　　　　　图 11-61　扭曲变形后的效果

12）单击"图层"面板底部的"添加图层蒙板"按钮█，并设置渐变填充颜色为白色到黑色。然后从图像的上方向下方拖动鼠标填充蒙版，效果如图11-62所示。

13）执行"文件"→"打开"命令，弹出"打开"对话框，选择素材"角花.psd"文件，单击"打开"按钮。使用"移动工具"▶┿将角花素材拖动到新建画布中，然后将其缩小并逆时针旋转90°，移动到画布的左侧。将角花复制一份并进行水平翻转，然后水平向右移动到画布的右侧。最后利用"横排文字工具"Ⅲ在画布中输入相应的文字，如图11-63所示。这样就完成了菜谱的立体效果图的制作。

图11-62　添加蒙版后的效果　　　　图11-63　最终效果图

11.3　项目3：数码婚纱及写真设计

11.3.1　项目展示与目标

通过本项目能够掌握使用Photoshop日常生活中经常遇到的数码婚纱及写真设计。本节主要通过设计"蝶恋芬芳"和"春之韵"两个主题的婚纱案例来掌握数码婚纱及写真设计的方法及技巧，案例效果如图11-64所示。

图11-64　"蝶恋芬芳"婚纱设计效果图

11.3.2 项目需求

婚纱照是新人在结婚前后所拍摄的照片，在成婚前后多将照片悬挂于墙上以示甜蜜、幸福。通常前期所拍摄的照片在色调、形式，以及所表达的含义等方面并不能完全满足新人的需求，这就需要进行后期处理。为了张扬个性和追求独特，针对各个消费群体的不同要求，就形成了各具特色的婚纱处理方式。一对新人在拍摄完实景照片后，希望将图片处理成温馨、浪漫并具有春天气息的效果。

11.3.3 项目计划

依据新人的要求，选用了两种风格的婚纱处理方式，即"蝶恋芬芳"和"春之韵"两个主题。以"蝶恋芬芳"为主题的设计中主要使用漂亮的蝴蝶、精致的花纹和散落的星光等方式来表现温馨、浪漫的情调，再配上偏亮调的明暗处理，更给人一种唯美、自然的视觉效果。以"春之韵"为主题的设计选用绿色作为作品主色调，给人以宁静、自然的视觉感受；在设计元素上，选用花朵及花纹等具有季节代表性的元素作为装饰，更彰显出春天的气息。

11.3.4 项目实施

1. "蝶恋芬芳"主题婚纱的制作

1）按〈Ctrl + N〉组合键，新建一个文件，在弹出的对话框中设置"宽度"为1500像素，"高度"为1100像素，"分辨率"为300像素/英寸，"颜色模式"为RGB，"背景内容"为"白色"，如图11-65所示。单击"确定"按钮，确认并退出该对话框，创建一个新的空白文件。设置前景色的颜色值为f4b85c，按〈Alt + Delete〉组合键，填充前景色。

主题婚纱图片中
人物素材处理

2）打开素材"背景.psd"，使用"移动工具"将背景图像拖动至新建的画布中，将其所在的图层命名为"背景"。

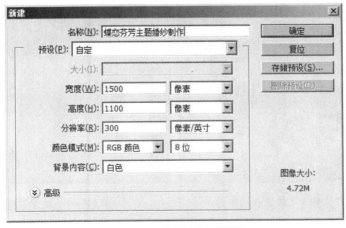

图11-65 "新建"对话框

3）在本例制作的写真作品中，人物图像占据了画布的绝大部分，所以首先向画布中添加人物图像。打开素材文件"人物1.jpg"，如图11-66所示，双击"背景"图层，在弹出的对话框中单击"确定"按钮，将其转化为普通图层。

4）使用"魔棒工具" 将人物从背景中选取出来，并将背景部分图片删除。如果头发细节不够明显，可使用"魔棒工具"选项栏中的"调整边缘"选项，通过设置"智能半径"来精确获取头发。接下来执行"编辑"→"变换"→"水平翻转"命令，将图像翻转，效果如图11-67所示。

图11-66 "人物1"素材图片　　　　图11-67 去除背景并调整后的图像

5）将去掉背景的图片拖动到新创建的文件中，放置在画布左侧，将其所在的图层命名为"人物1"，效果如图11-68所示。

6）在"图层"面板的下方单击"添加图层蒙版"按钮，为"人物1"添加蒙版，设置前景色为黑色，选择"画笔工具"，在其选项栏中设置合适的画笔大小及不透明度，在图层蒙版中进行涂抹，以将人物右侧的图像隐藏起来，直至得到如图11-69所示的效果，此时蒙版的状态如图11-70所示。

图11-68 将"人物1"放置在场景中　　　　图11-69 设置蒙版后的效果

7）打开素材文件"人物2.jpg"，如图11-71所示，双击"背景"图层，在弹出的对话框中单击"确定"按钮，将其转化为普通图层。

8）使用"魔棒工具" 将人物从背景中选取出来，并将背景部分删除，如图11-72所示。

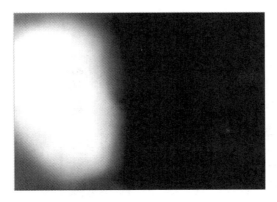

图 11-70　蒙版的样式

图 11-71　"人物 2"素材图

图 11-72　去掉背景后的效果

9）使用"移动工具" ![移动工具]将去掉背景的"人物"素材拖动至新建的画布中，并调整其大小，放置在右侧位置，将其所在图层名称改为"人物 2"，效果如图 11-73 所示。

10）设置"人物 2"图层的"不透明度"为 73%，并利用"模糊工具" ![模糊工具]将左侧人物边缘进行虚化，使其很好地与背景融合在一起，如图 11-74 所示。

图 11-73　添加"人物 2"后的效果

图 11-74　"人物 2"调整后的效果

11）分别对两个人物素材图像调整颜色，执行"图像"→"调整"→"亮度/对比度"命令，在弹出的对话框中进行设置，如图 11-75 所示。最终形成如图 11-76 所示效果图。

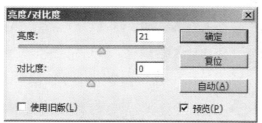

图 11-75 "亮度/对比度"对话框

图 11-76 "亮度"调整后的效果

12）在"路径"面板中新建一个路径，得到"路径 1"，选择"钢笔工具" ，在其选项栏中选择"路径"模式，然后在画布的底部位置绘制一个弧形路径，得到如图 11-77 所示的效果。

13）按〈Ctrl＋Enter〉组合键，将当前路径转换为选区，返回"图层"面板并在所有图层上方新建一个图层，命名为"装饰 1"，设置前景色的颜色值为 b77d00，按〈Alt＋Delete〉组合键，填充前景色，按〈Ctrl＋D〉组合键，取消选区，得到如图 11-78 所示的效果。

主题婚纱图片中底部图像的处理

图 11-77 绘制的路径

图 11-78 填充后的效果

14）下面对图像进行模糊处理。执行"滤镜"→"模糊"→"高斯模糊"命令，在弹出的对话框中设置"半径"为 74，得到如图 11-79 所示的效果。

15）切换至"路径"面板并选中"路径 1"，然后使用"路径选择工具"选中路径并向上拖动一定的距离。按〈Ctrl＋Enter〉组合键，将当前路径转换为选区。再次返回"图层"面板，并新建一个图层得到"装饰 2"，按〈Alt＋Delete〉组合键，填充前景色，按〈Ctrl＋D〉组合键，取消选区。

16）设置"装饰 2"的"填充"为 0%，单击"添加图层样式"按钮 ，在打开的下拉列表框中选择"渐变叠加"选项，在弹出的对话框中进行设置如图 11-80 所示，然后在

"图层样式"对话框中继续选择"外发光"和"内阴影"复选框，分别设置其选项区域如图 11-81 和图 11-82 所示，得到如图 11-83 所示的效果。

图 11-79　模糊后的效果

图 11-80　设置"渐变叠加"样式

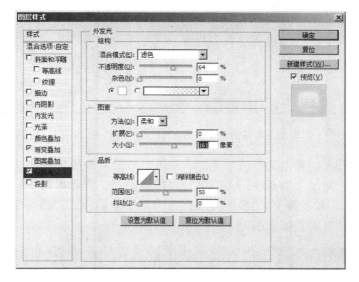

图 11-81　设置"外发光"样式

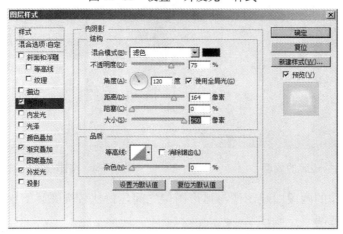

图 11-82　设置"内阴影"样式

说明：下面将结合画笔描边路径功能在弧形图像的左侧位置绘制两个曲线装饰图像。

17）在"路径"面板中新建一个路径，得到"路径2"，选择"钢笔工具" ，在其选项栏中选择"路径"模式，然后在弧形图像的左侧绘制一条如图11-84所示的路径。

18）设置前景色为白色，选择"画笔工具" ，按〈F5〉键打开"画笔"面板，单击右上方的画笔面板按钮，在打开的菜单中选择"载入画笔"命令，在弹出的对话框中选择素材文件"笔刷1. abr"，单击"载入"按钮，选择画笔的样式为"散布的枫叶"。注意将笔刷的"不透明度"设置为100%。

 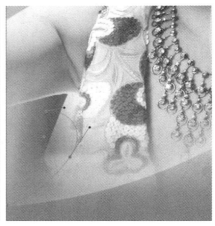

图11-83　设置图层样式后效果　　　　　图11-84　绘制的路径效果

19）新建一个图层，命名为"左下装饰"，在"路径"面板中单击"用画笔描边路径"按钮 ，然后单击"路径"面板中的空白区域以隐藏路径，得到如图11-85所示的效果。

20）按照步骤18和步骤19的操作方法，再绘制一条路径，并将画笔大小调整至45像素，再次描边路径，得到类似如图11-86所示的效果。

图11-85　描边后的效果　　　　　　　图11-86　制作另外一个描边效果

说明：上面制作的两段曲线图像与弧形图像之间显得比较突兀，下面将在该范围内涂抹一些白色，使它们之间有一些过渡。

21）新建一个图层，并命名为"过渡"，选择"画笔工具" ，使用普通的柔角画笔，

226

设置适当的画笔大小及不透明度，在弧形图像的左侧进行涂抹，得到类似如图 11-87 所示的效果。

22）新建一个图层，并命名为"星星"，按照步骤 18 的操作方法载入画笔，打开素材文件夹中的文件"笔刷 2.abr"，设置前景色为白色，使用"画笔工具" ，选择"柔边椭圆 90"样式，设置大小为 45 像素，在画布底部进行涂抹以绘制散点星光，得到如图 11-88 所示的效果。

图 11-87　过渡效果　　　　　　　　　　图 11-88　星光效果

23）下面绘制更细小的散点星光图像，设置画笔大小为 24 像素，然后在"画笔"面板中选择"传递"复选框，并修改其参数如图 11-89 所示。继续使用画笔工具在画布底部涂抹，直至得到类似如图 11-90 所示的效果。

图 11-89　"画笔"面板的设置　　　　　　图 11-90　最终星光效果

24）新建一个图层，并命名为"枫叶"，然后继续在画布底部位置涂抹枫叶图像，得到

227

如图 11-91 所示的效果。

25）选择"装饰 1"图层，按住〈Shift〉键并单击"枫叶"图层，从而将两者之间的所有图层选中，按〈Ctrl + G〉组合键，将选中的图层编组，并将得到的图层组名称修改为"底部图像"，此时的"图层"面板如图 11-92 所示。

图 11-91　绘制的枫叶效果

图 11-92　创建图层组后的"图层"面板

说明：此时已经基本完成了对底部弧形图像的处理，下面将继续制作背景中的装饰图像，使图像整体看起来更加丰富。

26）选择"背景"图层，打开"素材 6. psd"图像，如图 11-93 所示。使用"移动工具" ▶将其拖至本例制作的文件中，并将该图层命名为"云彩"，然后执行"编辑"→"变换"→"旋转 90 度（顺时针）"命令，旋转图像。

27）设置"云彩"图层的混合模式为"滤色"，"不透明度"为40%，然后调整图像至画布的中间。如果其边缘没有和背景图层融合在一起，可以使用"模糊工具" ◙对边缘进行模糊处理，得到如图 11-94所示的效果。

主题婚纱图片中
装饰的处理

图 11-93　云彩素材

图 11-94　云彩与图像融合后效果

说明：至此已经完成了整个模板的大部分内容，下面将在画布的右下方添加一个小圆图像作为装饰。

28）设置前景色为黑色，选择"椭圆工具" ，在其选项栏中选择"形状"模式，按住〈Shift〉键并在弧形图像的右上位置绘制一个黑色正圆，得到如图11-95所示的效果，同时得到"形状1"图层。

29）下面为黑色正圆添加图像。打开随书所附光盘中的文件"人物3.jpg"，如图11-96所示。使用"移动工具" 将其拖至刚制作的文件中，并将该图层命名为"人物3"，确认该图层位于"形状1"图形的上方后，按〈Ctrl + Alt + G〉组合键，执行"创建剪贴蒙版"操作。

图11-95　圆形形状效果　　　　　　　　　　图11-96　"人物3"素材

30）使用"移动工具" 调整"人物3"图层中人物图像的位置及大小，直至将人物显示出来为止，得到如图11-97所示的效果。

图11-97　添加"人物3"后的效果

31）下面为小圆图像添加发光效果。选择"形状1"图形，单击"添加图层样式"按钮 ，在打开的下拉列表框中选择"描边"选项，在弹出的对话框中设置描边大小为10像素，颜色为fdb47f，其他为默认。然后在"图层样式"对话框中继续选择"内发光"复选框，设置"阻塞"为11%，"大小"为81像素，如图11-98所示。接下来选择"外发光"复选框，并设置"扩展"为17%，"大小"为133像素，如图11-99所示，得到如图11-100所示的效果。

技巧：在"描边"选项组中，颜色块的颜色值为fcd3b5；在"内发光"选项组中，颜色块的颜色值为feddbc；在"外发光"选项组中，颜色块的颜色值为ffe8d3。颜色块的颜色也可以采用默认的黄色。

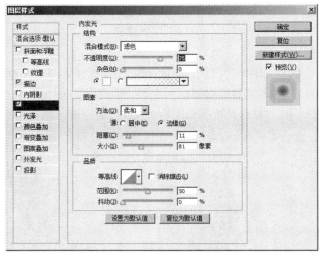

图 11-98 "内发光"设置

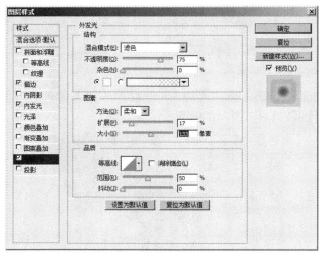

图 11-99 "外发光"设置

图 11-100 设置发光效果后的图像

32）打开素材文件夹中的素材文件"蝶恋芬芳文字.psd"，如图 11-101 所示。使用"移动工具"将其拖至刚制作的文件中，将其所在的图层命名为"蝶恋芬芳"，并将该图像移至画布中心偏下的位置，最终效果如图 11-64 所示，此时的"图层"面板如图 11-102 所示。

图 11-101　蝶恋芬芳文字效果　　　　　　　　　　图 11-102　"图层"面板

技巧：此文字素材图像是一个智能对象文件，可以通过双击图层的缩览图，查看其中各元素的组成。另外，此素材是一个透明背景的图像，但为了便于观看，可以将其背景改为棕色。应用时可以使用"栅格化图层"将其转化为普通图层。

2. "春之韵"主题婚纱的制作

1）按〈Ctrl + N〉组合键，新建一个文件，在弹出的对话框中设置"宽度"为 2400 像素，"高度"为 3440 像素，单击"确定"按钮确认并退出对话框，创建一个新的空白文件，设置前景色的颜色值为 8bc300，按〈Alt + Delete〉组合键，填充前景色。

主题婚纱图片中背景的处理

2）接下来，利用几幅素材及画笔绘制功能，制作背景图像的基本轮廓。打开素材文件夹中的文件"素材 1.psd"，如图 11-103 所示。使用"移动工具"将其拖至刚制作的文件中，命名为"背景 1"，设置其图层混合模式为"正片叠底"，设置"背景 1"图层的"不透明度"为 45%，并调整其位置及大小，得到如图 11-104所示的效果。

图 11-103　素材图片　　　　　　　　　　　　　　图 11-104　放置的位置

3）按照上一步的操作方法，打开素材文件夹中的文件"素材 2. psd"，如图 11-105 所示，将其拖至刚制作的文件中，并将所在图层命名为"背景 2"，设置其图层混合模式为"正片叠底"，"不透明度"为 45%，得到如图 11-106 所示的效果。

图 11-105 素材图片

图 11-106 调整后的图像效果

4）下面使用"画笔工具" ✐ 在画布底部绘制暗调图像。新建一个图层，命名为"暗调"，设置前景色的颜色值为 1e5400，选择"画笔工具"并设置适当的画笔大小及不透明度，在画布的底部进行涂抹，直至得到类似如图 11-107 所示的效果。

图 11-107 用画笔涂抹后的效果

说明：下面将结合画笔绘图功能及"动感模糊"滤镜的使用，在画布左上方模拟阳光照射的效果。

5）新建一个图层并命名为"照射"，设置前景色为白色，选择"画笔工具" ✐ 并设置适当的画笔大小及不透明度，在画布的左上方绘制出阳光的基本轮廓，得到如图 11-108 所示的效果。

6）执行"滤镜"→"模糊"→"动感模糊"命令，在弹出的对话框中进行设置，如图 11-109 所示，得到如图 11-110 所示的效果。

7）按〈Ctrl + F〉组合键，重复应用"动感模糊"滤镜，设置图层的"不透明度"为 85%，直至得到如图 11-111 所示的效果。

8）下面将在光线最靠近光源的位置进行涂抹，使光变得更强一些。新建一个图层，并将其命名为"强光"，保持前景色为白色，选择"画笔工具"并设置适当的画笔大小及不透明度，在画布的左上方进行涂抹，直至得到类似如图 11-112 所示的效果。

232

图 11-108 画笔涂抹效果   图 11-109 "动感模糊"对话框的设置

图 11-110 应用"动感模糊"滤镜后的效果   图 11-111 再次应用"动感模糊"滤镜后的效果

说明：下面将在背景图像中添加人物图像，并调整背景整体的颜色。

9）打开素材文件夹中的文件"人物 1. jpg"，如图 11-113 所示。使用"移动工具"将其拖至本例制作的文件中，将所在图层命名为"人物 1"，执行"编辑"→"变换"→"水平翻转"命令，翻转图像，并设置该图层的混合模式为"柔光"，然后调整其大小及位置，效果如图 11-114 所示。

图 11-112 增加强光后效果   图 11-113 人物素材

233

10）单击"添加图层蒙版"按钮，为"人物 1"图层添加蒙版，设置前景色为黑色，选择"画笔工具"，在其选项栏中设置适当的画笔大小及不透明度，在图层蒙版中进行涂抹，以将人物外围的图像隐藏起来，同时使背景中的树变得更清晰，直至得到如图 11-115 所示的效果，此时蒙版的状态如图 11-116 所示。

图 11-114　人物素材调整后的效果　　　　　　图 11-115　蒙版后效果

11）接下来调整背景图像的颜色。单击"图层"面板下方的"创建新的填充或调整图层"按钮，在打开的下拉列表框中选择"色相/饱和度"选项，在打开的面板中设置参数，如图 11-117 所示，得到更加鲜艳的背景效果，同时得到"色相/饱和度 1"图层。

图 11-116　蒙版状态　　　　　　图 11-117　"色相/饱和度"调整面板

12）按〈Ctrl + Alt + A〉组合键，选中"背景"图层以外的所有图层，继续按〈Ctrl + G〉组合键，将这些图层放入一个组中，并将得到的图层组重命名为"背景图像"，此时的"图层"面板如图 11-118 所示。

说明：至此已经完成了对背景图像的处理，下面将向画布中添加人物等主题图像。

13）打开素材文件夹中的文件"人物 2. psd"图像，如图 11-119 所示。将人物所在图层变为普通图层，使用"魔棒工具"，设置"容差"为 10，将背景图像选取出来并删除。

主题婚纱图片中
人物素材的处理

图 11-118　编组后的"图层"面板　　　　　　图 11-119　人物素材图像

14）使用"移动工具"  将其拖到本项目的文件中，将其所在图层命名为"人物 2"。执行"编辑"→"变换"→"水平翻转"命令，将图像翻转，并将其置于画布的左侧，如图 11-120 所示。

注意：如果"背景图像"组中的"人物 1"过于靠左，可单独向右移动"人物 1"图层的图像。

说明：下面将在画布的右侧制作两块渐变方格图像，同时利用素材图像增加其他的花纹等装饰内容。

15）选择"矩形工具" ，在其选项栏中选择"路径"模式，在画布中绘制一个矩形路径，按〈Ctrl + T〉组合键，调出路径自由变换控制框，对路径进行缩放并旋转约 15°，然后置于画布的右下方，得到如图 11-121 所示的效果，按〈Enter〉键确认变换操作。

图 11-120　人物放置在画布中效果　　　　　　图 11-121　绘制的路径效果

16）单击"创建新的填充或调整图层"按钮 ，在打开的下拉列表框中选择"渐变"

235

选项，在弹出的对话框中进行设置，如图 11-122 所示，设置渐变颜色值为从 43a81c 到 97f667，得到如图 11-123 所示的效果，同时得到"渐变填充 1"图层。

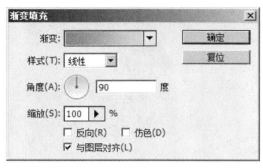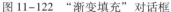

图 11-122　"渐变填充"对话框　　　　　　图 11-123　填充后的效果

17）单击"图层"面板下方的"添加图层样式"按钮，在打开的下拉列表框中选择"描边"选项，在弹出的对话框中设置"大小"为 5 像素，"位置"为外部，"颜色"为白色，其他参数保持默认；然后在"图层样式"对话框中继续选择"外发光"复选框，设置混合模式为"滤色"，"不透明度"为 60%，"杂色颜色"为 caf9bd、"扩展"为 0，"大小"为 60，其他参数保持默认，得到如图 11-124 所示的效果。

说明：下面来制作方块图像内容。

18）打开素材文件夹中的文件"人物 3. jpg"，如图 11-125 所示。利用"矩形选框工具"选取上半身部分，使用"移动工具"将其拖至本例制作的文件中，将其所在图层命名为"人物 3"，结合自由变换功能将其旋转并移动至渐变方块上，设置其"不透明度"为 90%，得到如图 11-126 所示的效果。

图 11-124　设置图层样式后效果　　　　　　图 11-125　人物素材

19）按照步骤 15 ～ 步骤 18 的操作方法，在右侧再制作一个渐变方块并将素材图像"人物 4"导入到画布中，直至得到如图 11-127 所示的效果，同时得到"渐变填充 2"和"人物 4"两个图层。

说明：此操作过程也可以使用复制"渐变填充 1"图层的方式来实现（得到"渐变填充 1 副本"图层），复制完成后使用"移动工具"移动其位置，并使用"自由变换"命令调整其大小及角度即可。

236

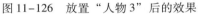
图 11-126　放置"人物 3"后的效果

图 11-127　添加"人物 4"后的效果

20）结合"横排文字工具" $\boxed{\text{T}}$ 及自由变换功能，在两个渐变方块的下方输入相关的文字，得到如图 11-128 所示的效果。

说明：至此，已经完成了渐变方块图像的内容，下面将继续添加其他的装饰图像。

21）打开素材文件夹中的文件"素材 6. psd"图像。使用"移动工具"将其拖至刚制作的文件中，将其图层命名为"钉"，使用"移动工具"将其置于底部渐变方块的左上角，并复制一层，将其放置在另一个渐变方块左上角处。接下来为两个钉所在的图层添加图层样式，单击"添加图层样式"按钮 $\boxed{\text{fx}}$，在打开的下拉列表框中选择"外发光"选项，在弹出的对话框中设置"大小"为 10 像素，"颜色"为白色，得到如图 11-129 所示的效果。

主题婚纱图片中装饰效果的制作

图 11-128　添加文字后的效果

图 11-129　放置钉后的效果

22）打开素材文件夹中的文件"素材 7. psd"图像，如图 11-130 所示。使用"移动工具"将其拖至刚制作的文件中，将其所在图层命名为"花饰"，使用"移动工具"将其摆放至画布的右上角，得到如图 11-131 所示的效果。

说明：至此，已经完成了作品中的大部分内容，下面将为图像添加星光图像，作为装饰内容。

23）按〈Ctrl + Alt + A〉组合键，选中除"背景"图层以外的所有图层，并按住〈Ctrl〉键单击"背景图像"组，以取消其选中状态，然后按〈Ctrl + G〉组合键，将选中的图层编组，将得到的图层组重命名为"主题图像"。

237

24）设置前景色为白色，选择"画笔工具"，按〈F5〉键，打开"画笔"面板，单击右上角的小三角按钮，在打开的菜单中选择"载入画笔"命令，在弹出的对话框中选择画笔素材，打开素材文件夹中的文件"笔刷1.abr"，单击"载入"按钮。

图11-130　花饰素材图

图11-131　将花饰放到画布中的效果

注意：也可以不加载画笔，直接使用默认画笔样式中的"柔边椭圆"样式。

25）新建一个图层，将其命名为"星星"，选择"画笔工具"，并选中上一步载入的画笔，在画布的四周进行涂抹，直至得到如图11-132所示的效果。

26）打开素材文件夹中的文件"素材5.psd"，使用"移动工具"将文字素材图像拖至刚制作的文件中，将所在图层命名为"修饰"，再利用"横排文字工具"结合其文字变形功能，在画布的中间偏下位置制作主体文字，并为二者添加图层样式，图11-133所示为设计完成后的整体效果。

注意：如果背景中的"人物1"图像位置不合适，可单独对其进行适当调整。

图11-132　添加星光后效果

图11-133　最终效果图

11.4　项目4：手机效果图的设计

11.4.1　项目展示与目标

随着计算机绘图软件的不断完善，产品造型设计的表现方法也更为精确和快捷。除了在三维造型软件中通过"建模、渲染、后期加工"的程序制作出照片品质的虚拟现实图形外，还可以用矢量绘图软件（如 Adobe Illustrator、Macromedia、Freehand 和 CorelDRAW 等）绘制出既能揭示产品的形态与结构，又具有一定艺术表现能力的效果图。本案例将使用 Photoshop 绘制一部手机的外观整体效果，如图 11-134 所示。

图 11-134　手机整体效果图

11.4.2　项目需求

在网络化与数字化发展迅猛的今天，手机已成为引领消费时尚的工业产品，面对日趋激烈的竞争市场和日益挑剔的消费者，如何推动手机行业的持续稳定发展，已成为手机厂商要解决的迫在眉睫的问题。面对市场的巨大挑战，手机的外观设计就要迎难而上。手机的外观设计应在适应功能设计的前提下，将外观设计和产品工艺、色彩及文化合理、有机地融合在一起，实现手机的进一步时尚化、人性化、个性化和娱乐化，这也是未来中国手机外观设计的一个新趋势。本案例将针对这一问题为某手机品牌设计一款风格简约而时尚的手机。

11.4.3　项目计划

依据目前的流行风格，设计色调应以白色为主，手机外观的屏幕为宽屏同时又带有小键盘，并在所设计的作品中充分体现时尚与传统相结合的风格。本作品在设计过程中采用了分层设计的方式，这样便于后期更改设计风格和外观。

11.4.4　项目实施

1. 制作外壳效果

1）在 Photoshop 中执行"文件"→"新建"命令（快捷键为〈Ctrl+N〉），创建一个"宽度"为 1024 像素，"高度"为 852 像素，"分辨率"为 72 像素/英寸，颜色为白色，模式为 RGB 的文档。

2）在"路径"面板下方单击"创建新路径"按钮 ，然后在新建的区域中制作出手机外形的路径，此时的"路径"面板如图 11-135

手机外壳效果

239

所示。

3）在工具中箱中单击"路径选择工具"按钮，单击并拖动鼠标，选择整个手机外形路径，然后在其选项栏中单击"重叠形状区域除外"按钮，效果如图11-136所示。

 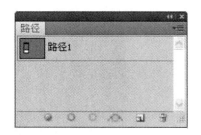

图11-135　手机的"路径"面板　　　　　　图11-136　重叠后的效果

4）按住〈Ctrl〉键并单击"路径"面板中的"路径1"，将其转化为选区。在"图层"面板中新建一个图层并命名为"上轮廓"，将前景色设置为d3d3c7，按〈Alt + Delete〉组合键，在本图层中填充选区，效果如图11-137所示。

5）在"图层"面板中双击"上轮廓"图层右侧的空白处，在弹出的"图层样式"对话框中选择"斜面和浮雕"复选框，将"结构"选项组中的"深度"设置为200%，将"大小"设置为6像素，其他参数设置如图11-138所示。设置完成后的效果如图11-139所示。

 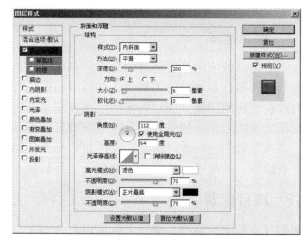

图11-137　转化为选区并填充后的效果　　　　图11-138　设置图层样式

6）在"图层"面板中新建一个图层，将其命名为"听筒"，将这一图层放置在"上轮廓"图层的下方。

7）在工具箱中单击"矩形工具"按钮，在其选项栏中选择"像素"模式，在手机听筒位置上填充上与手机机身相同的颜色，填充后的效果如图11-140所示。

8）双击"听筒"图层，在弹出的"图层样式"对话框中选择"图案叠加"复选框，单击"点按可打开'图案'拾色器"按钮，在弹出的对话框中继续单击右上角的小三角按钮，在打开的菜单中选择"灰度纸"命令，将其追加到图案框中。单击"图案"选项选择"纤维纸"样式，另外将"不透明度"设置为54%，将"缩放"设置为5，如图11-141所示，形成的效果如图11-142所示。

图 11-139　设置"斜面和浮雕"后的效果　　　图 11-140　绘制听筒并填充后的效果

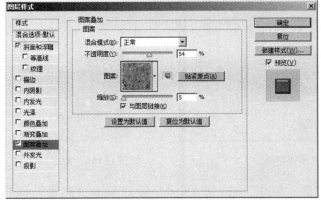

图 11-141　设置"图案叠加"选项　　　图 11-142　设置"图案叠加"后的效果

9）将"上轮廓"图层和"听筒"图层合并为"上轮廓"图层，在工具箱中单击"减淡工具"按钮 🔍，绘制出手机上部及侧面的高光部分，如图 11-143 所示。

10）在"路径"面板下方单击"创建新路径"按钮，创建一条名为"路径2"的路径，然后在新建的区域中制作出手机摄像头的路径，如图 11-144 所示。

图 11-143　设置浮雕后的效果　　　图 11-144　绘制摄像头路径

11）按住〈Ctrl〉键并单击"路径"面板中"路径2"的缩略图，将其转化为选区。在"图层"面板中新建一个图层，并命名为"摄像头"，将选区填充为黑色。

12）单击"摄像头"图层右侧的空白区，在弹出的"图层样式"对话框中选择"斜面和浮雕"复选框，将"结构"选项组中的"深度"设置为200%，将"大小"设置为35像素，其他参数设置如图11-145所示。设置后的效果如图11-146所示。

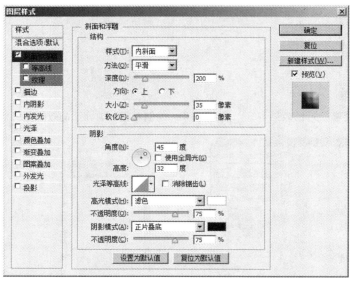

图 11-145　样式设置"斜面和浮雕"

图 11-146　摄像头效果

13）新建一个图层并命名为"摄像头轮廓"，按住〈Ctrl〉键并单击"路径"面板中"路径2"的缩略图，使其转化为选区。在刚创建的图层中，执行"编辑"→"描边"命令，在弹出的对话框中设置"大小"为2像素，"颜色"为黑色，"位置"为"居外"，如图11-147所示。单击"确定"按钮，描边效果如图11-148所示。

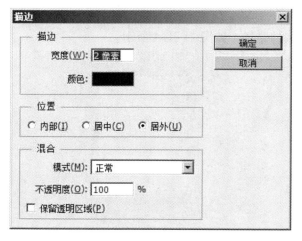

图 11-147　设置"描边"对话框

图 11-148　描边效果

14）双击"摄像头轮廓"图层右侧的空白区，在弹出的"图层样式"对话框中选择"投影"复选框，并设置其参数，如图11-149所示。

注意：当调整"投影"样式中的角度时，会发现"摄像头"的高光区域也发生了变化，这是因为使用了"全局光"，如果不想让"摄像头"的高光区域角度发生变化，则单击"摄像头"图层的图层样式，弹出"图层样式"对话框，取消选择"斜面和浮雕"效果中的"使用全局光"复选框。

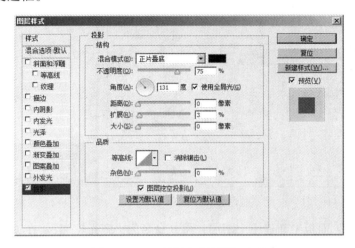

图 11-149 对话框"投影"选项

15）继续选择"斜面和浮雕"复选框，具体参数设置如图 11-150 所示。

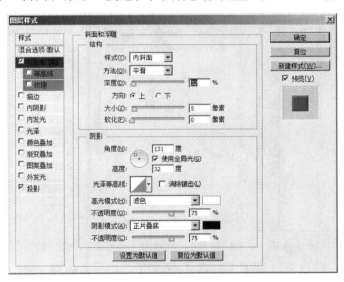

图 11-150 选项设置"斜面和浮雕"

16）接下来选择"等高线"复选框，设置其范围为 50%。

17）选择"颜色叠加"复选框，设置其"不透明度"为 40%，"颜色"为白色，如图 11-151 所示。设置后的效果如图 11-152 所示。

18）在"图层"面板中新建一个图层，将其命名为"摄像头高光"，设置前景色为灰色（b7b7b7）。单击"画笔工具"，样式设置为柔边，10 像素，0% 的硬度及 45% 的透明度。在摄像头的中心位置进行涂抹，效果如图 11-153 所示。

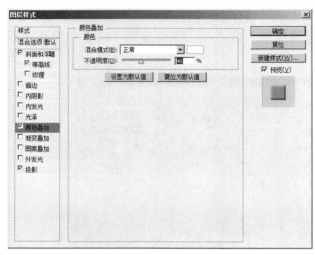

图 11-151　设置"颜色叠加"选项　　　　图11-152　设置完成后的效果

19）在"图层"面板中新建一个图层，将其命名为"高光轮廓"。在工具箱中单击"椭圆选框工具"按钮，按住〈Shift〉键在摄像头的下方绘制一个正圆形图案，如图 11-154 所示。

20）按照步骤 14 ～步骤 17 的方法制作出小正圆形的效果，并调整其大小，放置在摄像头的上方中心处，如图 11-155 所示。

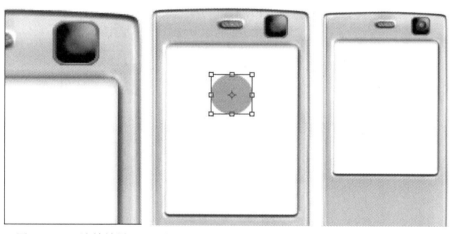

图 11-153　涂抹效果　　　图 11-154　绘制的圆形图案　　　图11-155　调整后的效果

21）按住〈Shift〉键并选择除"背景"图层以外的所有图层，按〈Ctrl + G〉组合键，将这些图层放置在一个图层组内，并将该图层组命名为"上轮廓"。

2. 制作按键效果

1）在路径面板下方单击"创建新路径"按钮，创建一条名为"路径 3"的路径，然后在新建的区域中制作出手机下面按键部分的路径，此时的路径效果如图 11-156 所示。

2）在"图层"面板中新建一个图层，并命名为"按键"。回到"路径"面板中，按住〈Ctrl〉键并单击"路径 3"的缩略图，将路径转化为选区，设置前景色为灰色（aeaeae），按〈Alt + Delete〉组合键，对其进行填充，

按键效果制作

244

效果如图 11-157 所示。

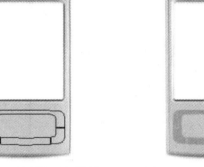

图 11-156   绘制的路径效果   图 11-157   填充后的效果

3）双击"按键"图层右侧的空白处，在弹出的"图层样式"对话框中，分别设置"投影""斜面和浮雕"和"描边"3 种图层样式，具体参数设置如图 11-158 ～图 11-160 所示。设置后的效果如图 11-161 所示。

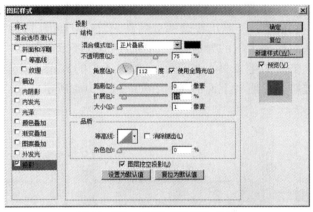

图 11-158   设置"投影"效果

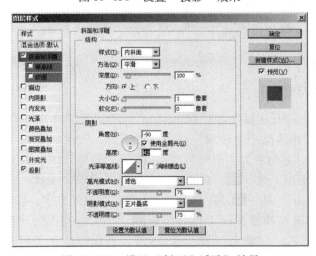

图 11-159   设置"斜面和浮雕"效果

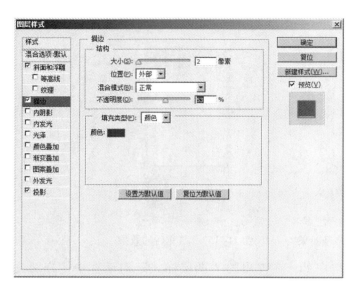

图 11-160　设置"描边"效果

图 11-161　设置图层样式后的效果

4）新建一个图层，并命名为"按键1"，将其与"按键"图层合并。接下来在工具箱中单击"减淡工具"按钮 <img>，绘制出按键部分的高光部分，如图 11-162 所示。

5）按照上述方法制作出手机的导航键，如图 11-163 所示。

6）在工具箱中单击"画笔工具"按钮 <img>，使用不同的方式，设定不同的颜色（具体可自行设定），绘制按键符及导航键上面的符号，如图 11-164 所示。

图 11-162　绘制高光后的效果

图 11-163　导航键效果

图 11-164　按键符效果

7）在 Photoshop 中打开素材图片"屏幕.jpg"，将素材图片拖动到案例画布中，将所在图层命名为"屏幕"，并移至"上轮廓"图层组的下方，效果如图 11-165 所示。

8）新建一个图层，并命名为"时间"，将其移至"屏幕"图层的上方。设置前景色为绿色（82973f），选择"矩形工具" <img>，在选项栏中选择"像素"模式，在屏幕的上方绘制一个矩形，并选择"横排文字工具" <img>，在其上面输入白色的时间文字，如图 11-166 所示。

9）在工具箱中单击"横排文字工具"按钮 <img>，在机身左上角注明手机品牌号和型号。接下来在屏幕的下方输入"功能表"和"联系人"，并设置所在图层的图层样式为"投影"和"描边"效果，最终形成如图 11-167 所示的效果。

10）按住〈Shift〉键，选择除"背景"图层外的所有图层，按〈Ctrl + G〉组合键进行编组，并重命名为"手机盖"。

图11-165　置入"屏幕"图像后的效果　图 11-166　输入时间后的效果　　图 11-167　整体效果

3. 制作下拉键盘效果

1）在"路径"面板下方单击"创建新路径"按钮，创建一条名为"路径4"的路径，然后在新建的区域中制作出手机底部的路径，效果如图 11-168 所示。

2）新建一个图层，并命名为"底座"，将其移至"手机盖"图层组的下方。回到"路径"面板中，按住〈Ctrl〉键并单击"路径4"的缩略图，将路径转化为选区，设置前景色为灰色（d3d3c7），按〈Alt + Delete〉组合键，用前景色填充本图层，如图 11-169 所示。

手机下拉
键盘的制作

图 11-168　底座路径效果　　　　　图 11-169　填充后的效果

3）双击"底座"图层右侧的空白处，在弹出的"图层样式"对话框中选择"斜面和浮雕"复选框，具体参数设置如图 11-170 所示。然后在工具箱中单击"画笔工具"按钮

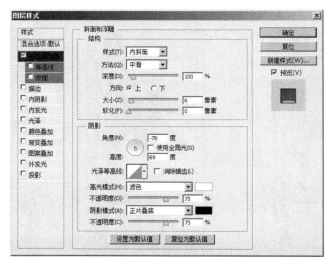，绘制出两侧的滑道槽，效果如图 11-171 所示。

图 11-170　设置"斜面与浮雕"效果

注意：如果无法很好地调整新路径，可以将"手机盖"图层组暂时隐藏起来。

4）在"路径"面板下方单击"创建新路径"按钮，创建一条名为"路径 5"的路径，然后在新建的区域中制作出手机底部的数字按键部分，效果如图 11-172 所示。

图 11-171　滑道槽效果　　　　图 11-172　按键路径效果

5）在"图层"面板中新建一个图层，并命名为"按键外观"，将其放置在"底座"图层上方。按住〈Ctrl〉键并单击"路径 5"的缩略图，将路径转化为选区，并设置前景色为灰色，按〈Alt + Delete〉组合键，用前景色填充本图层。

6）在工具箱中单击"加深工具"按钮，绘制出手机键盘上部的高光区域，如图 11-173 所示。

7）在"路径"面板下方单击"创建新路径"按钮，创建一条名为"路径 6"的路径，然后在新建的区域中制作出手机键盘部分，效果如图 11-174 所示。

图 11-173　按键外观　　　　　　图 11-174　键盘路径

8）在"图层"面板中新建一个图层，并命名为"键盘"，将其放置在"按键外观"图层上方。按住〈Ctrl〉键并单击"路径 6"的缩略图，将路径转化为选区，并设置前景色为深灰色（a3a1a1），按〈Alt + Delete〉组合键，用前景色填充本图层。

9）双击"图层"面板中"键盘"图层右侧的空白处，在弹出的"图层样式"对话框中添加"斜面与浮雕"和"描边"图层样式。"斜面与浮雕"图层样式设置如图 11-175 所示，在"描边"图层样式中设置"大小"为 2 像素，"位置"为"外部"，"颜色"为"黑色"，键盘效果如图 11-176 所示。

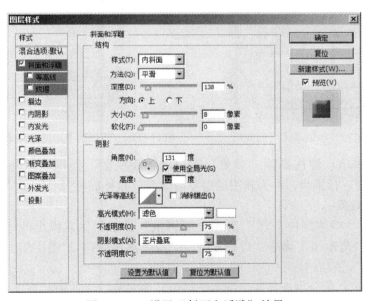

图 11-175　设置"斜面和浮雕"效果

10）在"路径"面板下方单击"创建新路径"按钮，创建一条名为"路径 7"的路径，然后在新建的区域中制作出手机键盘内部的分隔线部分，效果如图 11-177 所示。

11）在"图层"面板中新建一个图层，并命名为"分割线"。设置画笔"大小"为 2 像素，"不透明度"为 100% 的硬画笔。右击"路径 7"的缩略图，在弹出的快捷菜单中选择"描边路径"命令，形成如图 11-178 所示的效果。

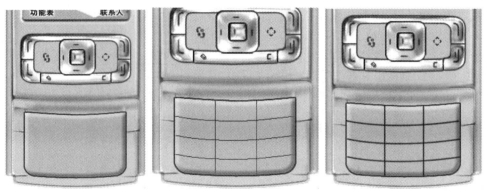

图 11-176　键盘外观　　图 11-177　键盘分隔线效果　　图 11-178　描边分割线效果

12）在工具箱中单击"减淡工具"按钮🔘，选择"键盘"图层，绘制出各个按键的高光部分，效果如图 11-179 所示。

13）选择"文字工具"🅣及"画笔工具"🖊，制作出各个手机按键的符号，最终整体效果如图 11-180 所示。

图 11-179　绘制高光后的效果

图 11-180　添加数字后的整体效果

14）按住〈Shift〉键选择除"背景"图层和"手机盖"图层组以外的所有图层，按〈Ctrl + G〉组合键进行编组，并为新图层组重命名为"整体底座"。

4. 制作展示效果

1）分别右击"整体底座"图层组和"手机盖"图层组，在弹出的快捷菜单中选择"复制组"命令，得到复制的"整体底座 副本"图层组和"手机盖 副本"图层组。

2）按住〈Ctrl〉键分别选择两个副本图层组，使之都处于选中状态。接下来右击图层组，在弹出的快捷菜单中选择"合并图层"命令，将图层组合并成名为"手机盖 副本"的图层，如图 11-181 所示。

展示效果制作

3）对"手机盖 副本"图层的手机图像执行"编辑"→"变换"→"垂直翻转"命令，并适当调整其位置，效果如图 11-182 所示。

4）单击"图层"面板下方的"添加图层蒙版"按钮🔲，为"手机盖 副本"图层添加图层蒙版。设置前景色为白色，背景色为黑色，选择"渐变工具"🔳，选择渐变方式为

"前景色到背景色渐变"，对蒙版进行自上而下的渐变填充，"图层"面板如图11-183所示。形成如图11-184所示的效果。

图11-181　合并后的"图层"面板

图11-182　翻转后的效果

图11-183　添加蒙版后的"图层"面板

图11-184　使用蒙版后的效果

5）选择"渐变工具" ，设置渐变颜色为浅蓝（0e48cd）到深蓝（190e6d），渐变方式为"径向渐变" ，并以此对"背景"图层进行填充，效果如图11-185所示。最后在画面底部绘制一个矩形选区，并将其填充成深蓝色（190e6d），形成最终效果如图11-134所示。

图11-185　最终效果图

参 考 文 献

［1］ 马兆平，李仁，郑国强．Photoshop CC 设计从入门到精通［M］．北京：清华大学出版社，2015.

［2］ 陈维华，郭健辉，宿静茹．Photoshop CC 图像设计与制作［M］．北京：清华大学出版社，2015.

［3］ 锐艺视觉．数码摄影后期密码［M］．北京．人民邮电出版社，2013.

［4］ 锐艺视觉．中文版 Photoshop CS6 平面广告设计实战宝典［M］．北京：人民邮电出版社，2014.

［5］ 数码创意．新手学 Photoshop CC 平面广告设计［M］．北京：电子工业出版社，2015.

［6］ 王红卫，等．Photoshop CS5 案例实战从入门到精通［M］．北京：机械工业出版社，2011.

［7］ 郝军启，刘治国，赵西来．Photoshop CS3 中文版图像处理标准教程［M］．北京：清华大学出版社，2008.

［8］ 雷波．Photoshop 图层与通道艺术［M］．北京：中国电力出版社，2007.

［9］ 凤舞视觉．21 天学通中文版 Photoshop CS5.［M］．北京：人民邮电出版社，2010.

［10］ 刘爱华．Photoshop CS4 经典案例 200 例［M］．北京：电子工业出版社，2010.

［11］ 贾栩淳．Photoshop CS4 中文版经典案例完全解析［M］．北京：机械工业出版社，2010.